AF250473

JULES AGOSTINI

TAHITI

PARIS

J. ANDRÉ, ÉDITEUR

27, RUE BONAPARTE

1905

TAHITI

JULES AGOSTINI

TAHITI

PARIS

J. ANDRÉ, ÉDITEUR

27, RUE BONAPARTE

1905

TAHITI[1]

VOYAGE EN OCÉANIE, PAR M. JULES AGOSTINI

I

Les premiers navigateurs qui découvrirent les terres océaniennes, les missionnaires, les explorateurs, les officiers de terre et de mer, les romanciers et les poètes ont fait paraître, sur la Polynésie, de si volumineuses, de si intéressantes publications, qu'il semble presque oiseux de venir, après eux, essayer d'ajouter un renseignement nouveau sur la configuration de ces îles, l'originalité des mœurs et des coutumes des peuples de ces contrées.

Le sujet est pourtant inépuisable ; des cataclysmes, des perturbations de toute sorte peuvent modifier la constitution géologique du sol, dénaturer son aspect; les siècles, les années même transforment les habitudes humaines, surtout, quand des races primitives comme celles de la Polynésie se trouvent en contact avec l'élément dominateur, l'homme blanc.

La moisson rapportée d'Océanie par les pionniers de la civilisation n'a donc point épuisé le champ si vaste de l'exploration, et bien des épis sont restés pour les glaneurs.

[1]. Voyage exécuté de 1894 à 1898. Texte inédit et gravures d'après les photographies de l'auteur.

De ces miettes, de ces débris abandonnés ou dédaignés par
des voyageurs trop chargés, quotidiennement cueillis pendant un
séjour de trente-huit mois à Tahiti et dépendances, je tenterai de
constituer la gerbe qui doit alimenter mon modeste récit.

Si des indications historiques, géographiques ou autres me
semblent indispensables ou utiles à la clarté des questions que je
me propose de traiter, — surtout à celles qui se rattachent à nos
intérêts matériels et politiques, — je puiserai, à défaut de souvenirs personnels, dans l'arsenal des travaux publiés à ce jour sur
nos Établissements français d'Océanie.

De nombreuses gravures, tirées d'un album contenant près de
3oo vues photographiques prises, en cours de voyage, dans des
excursions, pique-niques, amuraama, réunions, ou cérémonies
officielles, donneront, je l'espère, à cette relation de voyage, l'attrait
de l'imprévu et de la nouveauté ; elles feront peut-être oublier
parfois la sécheresse de la narration, l'auteur n'étant, en effet,
ni coloriste ni poète et n'ayant d'autre souci que celui de la
vérité.

Le samedi 13 octobre 1894 je quittais la France sur le Lévia-
than des transatlantiques, *La Touraine*, qui, en quelques tours
d'hélice, laissait derrière nous le Havre et la côte normande, dans
un manteau froid et brumeux, pour gagner, atome perdu dans
l'immensité, la plaine mouvante que l'Océan développe devant
lui.

Le samedi suivant, après huit jours d'une course vertigineuse,
tantôt sur la crête argentée des vagues écumantes, tantôt au fond
des larges vallons qu'elles creusent dans leur allure vagabonde,
brutalement bercés ou cahotés par le roulis qui succède au tangage,
nous atteignions les États-Unis pour poser enfin le pied sur les
quais de New-York.

Parlerai-je de la grande cité? J'y ai passé trente heures à
peine, juste le temps d'admirer l'œuvre de Bartholdi, *La Liberté
éclairant le monde*, le gigantesque pont de Brooklyn, quelques
autres monuments de moindre importance et des curiosités qui
charmèrent mon court séjour en la ville couchée sur les rives de
l'Hudson.

Il faut encore courir, non plus cette fois entre le ciel et l'onde, mais entre les deux Océans, de l'Atlantique au Pacifique, de New-York à San-Francisco, cinq jours et autant de nuits à vol d'oiseau, par les monts et les plaines, avec de rares et courts arrêts dans les gares, pour débarquer enfin, brisé, moulu, dans la capitale de la Californie, où je devais goûter les douceurs d'un repos impatiemment attendu avant de m'embarquer à destination de Tahiti.

Ce n'est ni la voix grave et rauque d'une sirène, ni celle presque majestueuse du canon de *La Touraine*, qui marquera cette fois l'heure du départ du courrier, des touchants adieux de ceux qui restent à ceux qui s'en vont. C'est encore la blanche voile des mignonnes goélettes qui déploie ses grandes ailes au souffle de la brise et lentement prend son essor vers les rives lointaines de la Nouvelle-Cythère. Hélas! malgré les progrès de la vapeur, c'est encore par des voiliers que s'effectuent mensuellement les services de la correspondance et le transport des passagers du Gouvernement, entre San-Francisco et Tahiti.

Ce n'est point que de louables efforts n'aient été tentés pour rapprocher les distances entre le pays de l'or et celui des perles, en mettant par une ligne de bateaux à vapeur notre belle possession d'Océanie à 3o jours au plus de la mère Patrie.

Toutes les tentatives de ce genre sont restées infructueuses.

Dernièrement encore, en 1897, la maison Fricht et Kennedy de Papeete avait pris l'engagement de substituer 2 vapeurs aux 3 « brigs » actuellement en service, moyennant une subvention annuelle de 15o 000 francs qui lui serait allouée par la colonie; mais elle fut désavouée par ses armateurs qui trouvèrent la somme insuffisante.

Désireux d'arriver à une solution, le conseil général de Tahiti a porté, pour l'année 1898, à 200 000 francs l'allocation précitée.

Souhaitons, sans trop l'espérer, que cette augmentation donne satisfaction aux exigences des armateurs et que les projets de l'assemblée coloniale se réalisent promptement pour relever la situation économique de nos établissements si délaissés qu'on pourrait les croire oubliés.

C'est donc à bord d'un des trois « brigs » susmentionnés, le *City of Papeete* de 5 à 6oo tonneaux, navire à la coupe gracieuse mais de dimensions fort réduites et manquant du confortable si nécessaire pendant les longues traversées, que je pris passage le 1ᵉʳ novembre 1894, pour me rendre à Papeete.

Poussé par des vents favorables, après une navigation des moins mouvementées, dont aucun incident n'avait rompu la longue monotonie, le petit voilier atteignait le 21 novembre l'archipel des Marquises.

D'abord les côtes s'estompent, se dessinent, puis l'on distingue des pics décharnés, réduits par la main du temps aux dimensions d'aiguilles monstrueuses. Parfois ces sombres squelettes bordent d'étroites vallées tapissées de verdure, où la nature semble avoir mis un sourire pour égayer la désolation d'un paysage portant l'ineffaçable empreinte de la formation basaltique.

La nuit se passe à louvoyer entre l'île Nuka-Iva désignée en 1851 comme lieu de déportation des insurgés de Lyon, et celle de Uauka qui devait, en 1897, servir de lieu d'internement aux rebelles de Raïatéa-Tahaa.

Le lendemain, une faible brise facilite l'entrée de la baie de Taiohaé, chef-lieu de l'archipel des Marquises, où nous faisons escale.

Taiohaé occupe le centre d'une baie « profonde encaissée de hautes et abruptes montagnes aux formes capricieusement tourmentées » ; ainsi s'exprime le chantre de ces pays dans son *Mariage de Loti*, description d'une rigoureuse exactitude dans la simplicité de son laconisme.

La vue photographique du cirque de Taiohaé, mieux que toute autre description, donne un aperçu de l'aspect et de la configuration des lieux.

Sur le chemin de la plage, s'amorçant au débarcadère, se trouvent la grande stèle en pierre apportée là par des fourmis, dit la légende canaque ; un grand banian pique en terre de longues racines adventives qui pendent frêles et flexibles de ses longues branches, et qui, bientôt, seront autant de piliers sur lesquels il posera ses bras énormes. Ce figuier abrite la case royale, pavée de noirs galets, habitée par la cheffesse Vaékéhu qui a remplacé la reine du même nom ; puis ce sont beaucoup d'autres curiosités d'ordre tout à fait secondaire.

Panorama de Taïohaé à Nuka-Iva.

Aux blancs phaétons (paille en queue ou oiseaux des tropiques) qui en se jouant fendent l'air comme des flèches, pour se réfugier dans les anfractuosités de roches inaccessibles, je voudrais ravir leurs « pennes », les deux uniques plumes de leur queue, longues, effilées, blanches ou rouges, ces dernières surtout si recherchées jadis par les naturels qui les considéraient comme les emblèmes de la divinité. Mais il faut, pour cette fois, se borner à la rapide admiration de ce site incomparable, de ses hôtes insaisissables et regagner le navire qui lève l'ancre pour l'étape finale de Nuka-Iva à Papeete.

Encore la mer ! Encore des sauts périlleux sur les flots, encore l'abîme au pied des montagnes liquides, au bord du noir ravin que la brise a creusé ; encore une côte à gravir pendant que la vague neigeuse fuit avec un bruit rageur devant la voile qui la suit dans une course échevelée ; monter, glisser, descendre au fond d'un gouffre, heurter l'onde qui vous assaille et crache son embrun menaçant, voilà la vie mélancolique du bord, pour de longs jours encore !

Pendant que l'œil se perd dans la contemplation d'un horizon lointain où, dans le baiser des brumes, l'azur des mers se fond avec l'azur des cieux, l'impondérable pensée, avide d'espace et de liberté, pareille aux oiseaux migrateurs qui jamais n'oublient le chemin de la patrie, la pensée vagabonde vogue aux rives de France. La galère peut courir sous des cieux inconnus, tirer la bordée à son aise, malgré moi, je pense à l'Ile oubliée, à cette Corse si sauvage, à ses rochers, à ses maquis, à ses sources limpides, à ses cascades sans nombre, à ses torrents, à ses bandits, aux fleurs, aux gens, que j'ai laissés ; les reverrai-je ?... Quand la rêverie vous met du vague au cœur, l'âme s'emplit de souvenirs...

« Terre ! » crie la vigie le 28 novembre à 10 heures du matin. Et chacun d'ouvrir de grands yeux, de s'armer de jumelles pour découvrir un point noir, la silhouette encore lointaine, qui se distingue à peine sur un fond grisâtre, de la Nouvelle-Cythère, tant vantée, tant chantée par les cent voix de la Renommée.

L'ombre grandit, ses formes deviennent moins imprécises à mesure qu'on avance, l'on fait le « point », ce qui nous met dans le Nord-Est de l'île à la hauteur du district de Papenoo.

On siffle la brise paresseuse, trop lente à nos désirs; elle vient enfin et nous poussera vers la fin du jour à la rive promise.

Des grandioses sommets de l'Orohéna et de l'Aoraï, le long de leurs flancs, par des escarpements sans nombre, de blanches cascades s'élancent dans le vide.

Les cornes fantastiques du Maïao ou Diadème, les sombres fourrés, les gorges mystérieuses de Papenoo, Orohéna, Fataua étalent au soleil un tableau des plus saisissants.

Les forêts de cocotiers de la plage, le phare de la pointe Vénus, le morne de Tahara, les vallées de l'île Mooréa, la pointe de Faa, viennent tour à tour reposer agréablement l'œil ravi par l'imposant spectacle d'un inoubliable paysage.

Le sémaphore nous signale avec ses grosses boules peintes à la céruse; à travers les récifs écumants on arrive à la grande passe d'où un minuscule remorqueur, l'*Eva*, nous conduit à quai, 28 jours après notre départ de San-Francisco.

Au moment où le soleil descendant lentement derrière Mooéra éclairait encore la cime des monts des rayons irisés du couchant, je quittais le *City of Papeete* et foulais enfin le sol de laNouvelle-Cythère de Bougainville, la « Tahiti » des Pomaré déchus.

II

Papeete où je viens de prendre terre est la capitale de nos possessions océaniennes, constituées par plusieurs archipels soumis à l'influence française depuis près de soixante ans.

Le groupe septentrional, — celui des Marquises, — compris entre les 8° et 10°,30 parallèles de latitude sud, les 141° et 143° degrés de longitude ouest, a été annexé en 1842. Les îles de la Société, celles plus nombreuses qui forment l'archipel des Tuamotu, ainsi que les petits groupes des Gambier, Tubuaï, avec les deux îles de Rurutu et Rimatara soumises à notre protectorat, sont encadrées entre les parallèles 14 et 24 de latitude sud, les 137° et 154° degrés de longitude occidentale.

Enfin l'île Rapa, placée à l'extrême sud de notre domaine, se trouve par 27°36′ de latitude et 146°30′ de longitude ouest.

L'annexion de Tahiti et des dépendances sur lesquelles, depuis 1842, s'exerçait notre protectorat, n'a été consommée qu'en 1880 ; celle des Gambier en 1881. Quant aux Iles sous le Vent reconnues indépendantes en 1847, protégées en 1880, annexées virtuellement en 1888, elles n'ont fait effectivement partie intégrante de nos établissements que tout récemment. Huahiné et Bora-Bora se sont soumises en 1895 ; Raïatéa et Tahaa ont nécessité une expédition qui s'est promptement terminée au commencement de l'année 1897. Comme cet épisode de notre histoire coloniale comporte d'utiles, de précieux enseignements, je consacrerai ultérieurement un chapitre à la question des Iles sous le Vent de Tahiti.

Érigée en commune par décret du 20 mai 1890, Papeete a pour limites :

« A l'Est la rivière de Fataua depuis son embouchure jusqu'au fort du même nom.

« A l'Ouest, la route actuelle du Cimetière prolongée jusqu'à la mer.

« Au Nord, la mer.

« Au Sud, une ligne qui, partant du fort Fataua, aboutirait à la route du Cimetière prolongée jusqu'à un kilomètre dans l'intérieur des terres.

« Le tout, dit le décret, conformément à un plan approuvé par le Gouverneur en Conseil privé, qui y sera annexé. »

Le panorama de Papeete a été si souvent décrit, et de si magistrale façon, que je me bornerai à en tracer une simple esquisse.

Une blanche barrière de récifs s'étendant à perte de vue, la verte et lilliputienne corbeille de coraux qu'est l'îlot Motu-Uta, dont la reine Pomaré IV faisait sa résidence favorite, puis un lac aux eaux de métal fondu ; la rade avec sa longue écharpe de 4 kilomètres de rivage se déployant entre les pointes Fare-Ute et de Faa, voilà ce qui frappe le voyageur ou le touriste qui, du large, vient aborder en ce point la côte polynésienne.

Quelques constructions assises au bord de la mer sont les postes avancés de la ville dont les flèches et quelques édifices semblent seuls déceler l'existence.

Des mâts de pavillons aux couleurs de France, d'Albion ou d'Allemagne émergent d'un fouillis de verdure que dominent de grands arbres pareils à des parasols géants.

Le massif impénétrable s'étend jusqu'au pied des contreforts dont les étages s'élèvent doucement ou se dressent en murailles verticales.

Au fond des hautes montagnes qui forment l'horizon Sud-Est de la ville se profilent monstrueux, portant leurs fronts cornus dans l'azur des cieux sans tache, les sommets du Maïao et de l'Aoraï enfantés dans de suprêmes convulsions de la nature.

Tout autre est le décor si le point de vue change. Ce n'est plus la majesté presque troublante du premier tableau qui frappe le spectateur tout à coup transporté du pont de la goélette sur la colline du sémaphore près de la batterie du Faïéré. Le paysage perd de sa sombre grandeur pour devenir riant et gracieux.

Dans les éclaircies comme à travers les arbres et les fleurs qui abritent Papeete, au milieu des cocotiers et des maïorés (arbres à pain), des puraos, des flamboyants, des lauriers-roses et des tiarés, de tout ce qui compose la flore indigène et étrangère, surgissent une multitude d'habitations, en bois, pour la plupart, généralement basses et surmontées de toits gris ou noirs selon que la tôle ou le bardeau les couvre.

A côté de rares édifices surmontés de belvédères comme le palais de Pomaré V, les hôtels du Gouvernement et du Directeur de l'Intérieur, la cathédrale, l'évêché, etc., l'œil exercé découvre les cases en chaume proscrites par les règlements locaux, mais existant en dépit d'eux, car le maori préfère le repos sous le toit de pandanus, à celui qu'il pourrait goûter dans des installations plus luxueuses, qu'il possède souvent.

Du voisinage de ces huttes, dans le calme des tièdes matinées, presque avec un air de discrétion, des buées bleues s'élèvent gra-duellement dans l'atmosphère. Elles proviennent des « Umu » ou fours creusés dans la terre et dans lesquels, dès que la braise sera faite, sur des cailloux rougis, on fera cuire, enveloppés de feuilles d'arbre à pain, le poisson, la viande, les fruits, ronds maoïrés et longs feïs, pour l'unique repas du jour. A travers les spirales des petites buées, dans le mystère de la feuillée humide, protectrice des matinales amours, le soleil filtre ses rayons éblouissants, mettant, au front des arbres, une éphémère parure de diamants, une écharpe de fauves reflets au flanc des montagnes, au fond des fertiles vallées, réchauffant de ses feux l'île enchantée, dont, au réveil, les enfants assoiffés de jouissances reprendront bientôt une upa-upa inachevée.

Dans les eaux de la rade qu'aucun souffle ne ride se reflètent les mâtures des navires à l'ancre ; dans le lointain, d'un bleu intense, se profile l'île Mooréa avec ses entailles béantes, ses pics élancés, rideau sans rival fermant au couchant l'horizon maritime de Papeete.

Pourquoi faut-il, hélas! que toute médaille ait son revers? Dans ce superbe écrin dont la nature paraît s'être attachée à parer l'extérieur, le regard désenchanté cherche en vain la perle pour laquelle il tient en réserve des trésors d'admiration.

Papeete n'a rien de fascinant, rien même qui puisse fixer un instant l'attention du touriste.

Des rues bien tracées et mal entretenues n'offrent, par les temps pluvieux, qu'un écoulement insuffisant aux eaux qui les transforment en cloaques ou en bourbiers.

Si, comme l'a dit avec tant d'à-propos M. l'ingénieur Garnier, « les trottoirs et les rues sont recouverts d'une abondante couche d'herbe qui forme un tapis aussi doux et soyeux que la mousse de nos bois », il faut convenir que la verte parure, si agréable par les jours ensoleillés, devient bien gênante après la moindre averse : on ne sait plus alors où guider ses pas pour éviter d'être mouillé jusqu'à la cheville. Il est vrai d'ajouter que les négociants de la localité, soucieux de l'hygiène et de la salubrité publiques, ont paré à ce désagrément, en vendant, à des prix peut-être exagérés, des bottes imperméables permettant ainsi aux pauvres citoyens de vaquer à leurs affaires sans trop avoir à redouter les suites de l'humidité.

Les monuments, peu nombreux, ne méritent aucune mention spéciale, et ne relèvent point de la critique qui jamais ne s'attache qu'aux objets, portant au moins, à défaut d'autre cachet, celui de l'originalité.

D'après un recensement opéré en juillet 1897, la population

Mont Aoraï et pic du Diadème.

de Papeete compte 4 149 habitants se répartissant ainsi que l'indique le document officiel ci-après :

Commune de Papeete, Recensement du 1ᵉʳ Juillet 1897.

HOMMES.						FEMMES.						TOTAUX.		
ENFANTS AU-DESSOUS DE 14 ANS.	CÉLIBATAIRES AU-DESSUS DE 14 ANS.	HOMMES MARIÉS.	DIVORCÉS.	VEUFS.	TOTAL.	ENFANTS AU-DESSOUS DE 14 ANS.	CÉLIBATAIRES AU-DESSUS DE 14 ANS.	FEMMES MARIÉES.	DIVORCÉES.	VEUVES.	TOTAL.	HOMMES.	FEMMES.	TOTAL.
635	681	476	4	81	1 877	671	540	443	6	149	1.809	1 877	1 809	3 686

Répartition de la population.

Français . .	2 650	*Report.* .	3 450
Anglais . .	168	Suédois. . .	1
Américains .	135	Espagnols .	1
Allemands .	45	Portugais .	1
Chiliens . .	9	Belges. . .	2
Protectorat Français . .	121	Italiens . .	8
Protectorat Anglais. . .	318	Japonais . .	3
		Danois. . .	9
Norwégiens .	1	Annamites .	1
Péruviens. .	1	Suisses. . .	1
Sandwidchiens.	2	Chinois . .	209
A reporter.	34 50	Total. .	3 686

Population flottante.

Report	3 686
Troupes de terre et de mer	311
Prison Coloniale .	23
Aliénés	4
Pensionnats et communautés religieuses	29
Équipages des navires de commerce.	63
Hôpital Militaire .	32
Total général.	**4 149**

> { 463 (Troupes de terre et de mer, Prison Coloniale, Aliénés, Pensionnats et communautés religieuses, Équipages des navires de commerce, Hôpital Militaire)

Papeete, le 1ᵉʳ août 1897.

Le Maire,

F. CARDELLA.

Les 2 650 Français sont représentés par des colons et des fonctionnaires métropolitains ainsi que par les indigènes, anciens sujets de Pomaré V, auxquels la loi du 30 décembre 1880, sur l'annexion de Tahiti, a conféré le titre de citoyens.

Le Français de France est resté semblable à lui-même, fidèle au drapeau, gai, laborieux, sans presque se ressentir de l'influence du milieu dans lequel il passe son existence.

Cette appréciation ne saurait cependant s'étendre à quelques rares unités, brebis galeuses nées sous le ciel de la Gaule, mais fourvoyées dans le troupeau étranger.

Les antécédents douteux de ces renégats, leurs actes, leurs attaches, leur attitude en toute circonstance ont démontré jusqu'à l'évidence leurs sympathies pour nos adversaires.

Ceux-là ont diffamé, injurié notre gouvernement à toute époque sans s'inquiéter de sa forme ; ils ont pactisé avec les ennemis avérés de la France, et vivent d'ailleurs dans leur intimité ; ceux-là laissent entendre encore que le joug anglais, allemand ou américain serait préférable à la trop libérale administration qui tolère leurs agissements.

Il ne m'est point permis de les nommer, mais ils se reconnaîtront quand ces lignes leur tomberont sous les yeux.

Qu'on y prenne garde, si on n'élimine systématiquement des affaires ces ferments de dissolvante pourriture on aura peut-être à le regretter plus tard, trop tard.

Comme d'autres avant moi, je ne pouvais croire à l'existence d'un parti antinational dirigé par des enfants de la France ; le temps et des faits précis ont modifié mon opinion, dissipé mes illusions.

Dans son ouvrage *La Politique française en Océanie*, M. Paul Deschanel a mis en lumière les fautes administratives et politiques qui avaient été commises antérieurement ; il a nommé nombre de familles ennemies de notre puissance, il a montré le mal ; il eût été puéril d'indiquer le remède, car le chef de la colonie peut d'un trait de plume déjouer les projets de nos compétiteurs par l'annulation de toutes les mesures administratives actuellement en vigueur qui pourraient être de nature à favoriser leurs intérêts.

Il ne faut point se le dissimuler, ces intérêts sont diamétralement opposés à ceux de nos nationaux, leur développement, leur prospérité, c'est notre ruine commerciale ; leur grandeur, c'est notre déchéance matérielle entraînant fatalement, irrémédiablement celle de notre influence, et peut-être, pis encore.

Le Tahitien s'est peu modifié, naïf, hospitalier, il est avide de plaisirs, dissolu dans ses mœurs comme au temps jadis. Le contact de notre civilisation n'a apporté dans ses habitudes, dans ses coutumes que des transformations tout à fait superficielles, sans même en excepter ce qui a trait aux croyances religieuses, car chez aucun peuple une religion nouvelle ne déracine jamais les vieilles convictions qui se perpétuent à l'état de légendes.

Cette observation n'a rien qui puisse surprendre, la complète assimilation n'est jamais l'œuvre d'un jour, mais plus souvent celle de plusieurs siècles, en admettant toutefois qu'une puissance ose caresser l'espoir de conserver pendant un temps aussi long le fruit de ses victoires.

Habitués sous leurs arii (chefs) à l'obéissance passive, à se donner ou accepter la mort sur la simple présentation d'un petit caillou noir, qui était à la fois un symbole et un ordre, les Tahitiens, quoi qu'on en dise, ne se plient qu'à regret aux exigences de nos lois, à l'appareil de notre justice, sans chercher à s'initier à nos mœurs, à notre état social dont ils trouvent, sans doute, les rouages trop compliqués.

L'annexion de Tahiti fut un acte d'une incontestable opportunité; un fait moins opportun, peut-être, fut, en octroyant aux indigènes la nationalité française, d'y joindre tous les avantages qu'elle comporte, et d'élever au rang de citoyens les sujets du roi Pomaré V.

Il est maintenant trop tard, et il ne serait pas sans danger de vouloir retirer aujourd'hui aux Tahitiens la moindre parcelle des droits qui leur ont été dévolus en 1880.

L'administration a si bien compris l'erreur, que, malgré les démarches officieuses tentées à cet effet, elle a refusé d'admettre au bénéfice des avantages conférés par la loi du 30 décembre 1880, les populations des Iles sous le Vent, récemment soumises spontanément ou par les armes.

Un long stage, une lente gradation est indispensable pour initier, à l'exercice de la liberté, ceux qui ne furent que des sujets.

Les étrangers qui forment une notable partie de la population de Papeete ont gardé intactes leurs mœurs natives. Les Anglais, Américains, Allemands et Chinois, qui détiennent presque tout le commerce de la ville, ont, pour la facilité, la sûreté de leurs relations, surtout avec le Français généralement correct, mis un grain

de souplesse dans leurs muscles, une ombre de sourire sur leurs
lèvres, beaucoup de prévenance dans leurs affaires, et se dépouillent
à propos de la morgue qu'on leur trouve en visitant leurs offices
commerciaux dans la Métropole.

III

L'arrivée d'un bateau quelconque, celle d'un courrier surtout,
est un événement pour Papeete qui n'en reçoit que deux par mois,
l'un par la voie d'Amérique, l'autre par celle d'Auckland.

Ce dernier est un joli vapeur impatiemment attendu par les
jolies mondaines, car il leur apporte les colis postaux renfermant
l'article de Paris, toujours supérieur aux produits similaires étrangers, et par cela même toujours préféré.

Dès que la grosse boule blanche bien reconnaissable, — que
M. le gouverneur Papinaud a eu l'heureuse inspiration de faire
ajouter aux autres sphères en bois servant aux signaux sémapho-
riques, — signale à l'horizon l'apparition du courrier, la population court aux nouvelles et se rassemble sur les quais.

Cette foule, étrange par la diversité des costumes, l'est plus
encore par celle des éléments dont elle est composée.

Les Européens tout de blanc habillés, les naturels en bras de
chemise, en paréos aux voyantes couleurs, les vahinés (femmes)
en peignoirs multicolores et largement flottants, pieds nus, un
coquet chapeau de paille sur la tête, une fleur à l'oreille, se
croisent, se mêlent, se pressent, pour voir les figures des nouveaux
arrivés, des « taata api », nom sous lequel on les désigne.

Reçu au débarcadère par un fonctionnaire avec qui j'avais été
lié d'amitié en Nouvelle-Calédonie, j'étais quelques instants après
installé au cercle militaire, devant une boisson glacée, dont j'ap-
préciais d'autant plus les douceurs que j'en avais été privé pendant
les chaleurs d'une interminable traversée.

« Vous êtes de droit membre du cercle, me dit mon ami, et
je vous engage à ne mettre aucun retard à votre inscription ; les
distractions étant très rares, vous pourrez, surtout dans les premiers

temps, pendant la période d'installation, trouver ici un refuge contre la chaleur et à la bibliothèque un remède aux heures d'ennui. »

Ce salutaire conseil fut religieusement suivi et après quelques présentations, nous prîmes à sept heures du soir le chemin du restaurant.

Les établissements de ce genre ne fourmillent pas à Papeete ; on en comptait deux en 1894, leur nombre n'a point changé.

L'un a pour propriétaire M. Renvoyé, respectable vieillard à grande barbe blanche, comptant 50 années de séjour à Tahiti.

Membre des conseils municipal et général, M. Renvoyé est le doyen d'âge de l'assemblée coloniale, et c'est d'un pas alerte qu'il s'avance au devant du gouverneur, pour l'introduire dans la salle des séances, au moment de l'ouverture de la session budgétaire, ce qui prouve que le climat du pays n'exerce, sur les corps et les esprits bien organisés, aucune influence dépressive.

L'autre restaurant qui, lors de mon arrivée, était tenu par un artiste habile en l'art d'accommoder les restes, a fait place à l'hôtel du Louvre, dans la rue de Rivoli, au bout de la belle avenue Bruat ou de Sainte-Amélie. Si le voyageur trouve le couvert à Papeete, il a par contre plus de peine à se procurer immédiatement un logement, la chambre meublée étant presque inconnue ; on n'en trouvait encore pas à la fin de 1894, et s'il en existe deux ou trois à l'heure actuelle à l'hôtel du Louvre, c'est un progrès que je m'empresse de noter.

Celui qui est appelé à séjourner à Tahiti en est réduit à louer une maisonnette en bois — une case — de 3 à 4 pièces qu'il meuble selon ses moyens, sinon d'après ses goûts. La case est généralement entourée d'un jardinet, en pleine verdure, à l'ombre de grands arbres.

Dans cet Eden d'un nouveau genre, chaque fils d'Adam ne tarde pas à s'unir à quelque brune fille d'Ève.

Le prix de location de l'immeuble est variable ; on a un logement acceptable pour célibataire moyennant 50 francs par mois.

Le prix des pensions varie entre 120 et 150 francs.

En dehors des deux restaurants précités où les fonctionnaires et les employés de commerce, non encore établis, prennent généralement leurs repas, il existe de nombreuses auberges tenues par des Chinois, qui exploitent par tous les moyens la clientèle cosmopolite — peu intéressante d'ailleurs — qui les honore de sa fréquentation.

On compte trois cercles à Papeete : le cercle militaire, celui de l'Union et le cercle Bougainville.

Le premier — qui est aussi le plus ancien — ne comprend que des officiers, des fonctionnaires ayant au moins l'assimilation de sous-lieutenant et quelques notables de la ville ; la règle d'admission des membres a fait l'objet d'une décision ministérielle.

Les deux autres cercles servent plutôt de lieux de réunions aux partis qui divisent la colonie au grand détriment de la marche des affaires publiques.

Ces divisions sont nées de motifs divers. A la question religieuse qui en fut la cause première, dit-on, d'autres aussi graves, à l'heure présente, sont venues se joindre, partageant le pays en deux camps ennemis irréconciliables, depuis que la politique, créant des rivalités sans nombre, de basses jalousies, a mis la haine au fond des cœurs.

D'anciens matelots devenus commerçants et aisés, d'anciens sous-officiers et soldats, parvenus par un long travail à des situations inespérées, bien que méritées, des aventuriers même, qu'un sort indulgent a favorisés, ont été tout à coup pris du vertige des honneurs, qui n'est malheureusement pas toujours celui de l'honneur.

A l'époque du Protectorat, l'Administration savait contenir les visées d'amour-propre, d'ambition parfois légitime de nos nationaux, en les appelant au sein du conseil colonial et dans diverses commissions à formuler leur avis sur la plupart des questions touchant aux intérêts vitaux du pays.

Ces satisfactions furent trouvées trop platoniques par quelques impatients ou mécontents, et dès que l'annexion fut consacrée, on organisa un pétitionnement pour obtenir que la colonie fût représentée par un délégué dans la Métropole ; que les conseils général et municipal à Papeete fussent institués, ainsi que des Chambres de Commerce et d'Agriculture ; il va de soi que les membres de toutes ces assemblées, issus du suffrage universel, seraient l'expression de la volonté populaire et non plus du bon vouloir du représentant de la France.

Les administrateurs d'alors, en appuyant ces démarches, paraissaient ne pas redouter, pour eux ou leurs successeurs, là création d'institutions rivales de leur autorité, surtout dans un pays où les hommes de valeur étaient rares, les médiocrités même peu nombreuses.

Des assemblées composées d'hommes inaptes à l'étude consciencieuse et approfondie des questions qu'ils auraient à examiner, à l'impartiale discussion des intérêts vitaux du pays, parfois inconciliables avec leurs propres intérêts, ne pouvaient apporter à l'Administration un concours vraiment efficace, et devaient trop souvent entraver l'exercice de son autorité.

Plus soucieux de leurs droits que de leurs devoirs, peu conscients des uns et des autres, toujours portés à s'exagérer, par calcul ou par vanité, l'étendue de leurs pouvoirs, la plupart des membres de ces assemblées devaient, à bref délai, faire regretter amèrement aux chefs successifs de la colonie la mesure par trop libérale d'assimilation, je devrais dire d'émancipation prématurée d'un peuple non encore mûr pour l'exercice de la liberté, encore moins pour le partage du pouvoir.

Par décret du 19 octobre 1883, Tahiti fut admise à élire un délégué au conseil supérieur des Colonies. Ce fut la pomme de discorde jetée au milieu de personnalités plus soucieuses de l'honneur qui allait en rejaillir pour l'une d'elles, que les devoirs qu'un tel mandat pouvait leur imposer. Les clans s'organisèrent, portant l'agitation jusque dans les paisibles districts pour amener les indigènes à voter dans un sens ou dans l'autre.

Comme pour justifier ce que j'ai dit sur la pénurie d'hommes vraiment aptes aux délicates fonctions de mandataire de la colonie, les citoyens désignèrent, pour les représenter, non un Français de Tahiti, mais un métropolitain, M. Franck Puaux, le candidat du parti protestant, dit-on.

M. Chessé, ancien commandant de Tahiti, gouverneur des colonies en retraite, recueillit la succession de M. Puaux et conserva son mandat pendant de longues années, jouissant d'une confiance bien justifiée par son passé.

C'est aujourd'hui M. le comte d'Elva, député de Laval et candidat des catholiques, je crois, qui, depuis la fin de 1897, est chargé de la défense des intérêts de notre belle colonie.

L'organisation administrative en vigueur et l'institution du conseil général ont été consacrées par deux décrets datés du même jour, 28 décembre 1885 ; cinq ans plus tard, le 20 mai 1890, la ville de Papeete était dotée d'une municipalité.

Enfin un acte du Pouvoir central en date du mois de mai 1898 modifie, pour les restreindre, les attributions du directeur de l'Intérieur, élargissant d'autant les pouvoirs du gouverneur : le directeur prend en outre le titre de secrétaire général et remplit auprès du chef de la colonie un rôle à peu près identique à celui des secrétaires généraux de la Métropole vis-à-vis des préfets.

Un conseil privé dont la composition et les attributions sont nettement définies au décret du 28 décembre 1885 sur le gouvernement de la colonie, et un conseil de défense, assistent le gouvernement dans ses décisions.

Les élections au conseil général creusèrent plus profondément le fossé qui séparait déjà les Français de Tahiti depuis la première élection du délégué.

La lecture des comptes rendus des séances de cette assemblée peut seule montrer combien vives étaient les animosités et profondes les haines.

Le représentant de l'Administration lui-même, en butte aux attaques les plus violentes et les moins justifiées, était, à maintes reprises, obligé de quitter la salle des délibérations ; en décembre 1895 il était, une fois de plus, contraint de se retirer, en présence d'accusations graves et de paroles outrageantes prononcées ou dirigées, en pleine assemblée, contre le gouverneur de l'époque, M. Papinaud.

Pour bien témoigner que je n'ai nulle envie de noircir les conseillers généraux de Tahiti, je ferai des emprunts.

Voici ce que l'auteur de la *Nouvelle-Cythère*, sous le pseudonyme de « Montchoisy », dit à la page 108 de son livre : « Il y a un conseil général qui tient ses séances le soir pour le grand amusement de la population privée de spectacles. Dans une petite salle enfumée de pétrole, une douzaine de citoyens délibèrent sous

la présidence d'un négociant notable et en présence du directeur
de l'Intérieur. Le public a accès dans la salle et lie familièrement
conversation avec les représentants du peuple. Ceux-ci sont pris
dans toutes les professions: menuisiers, boulangers, horlogers,
marchands de vins, épiciers, bouchers, etc. Deux ou trois défenseurs qui sont à peine bacheliers et se donnent du maître un tel,
deux ou trois officiers de vaisseau qui ont pris leur retraite à
Tahiti ; voilà pour les professions libérales.

« On en entend de drôles. Le boulanger demande la parole. Il
tient à la main le budget de la colonie et constate avec douleur
que les recettes prennent deux pages seulement, tandis que les
dépenses en occupent vingt-huit ! Tout le monde de rire.

« Le directeur de l'Intérieur est interpellé au sujet du bel
uniforme brodé d'argent qu'il arbore dans les solennités officielles,
et, s'excuse du mieux qu'il peut de ce travestissement. Et plus
loin : Guerre à l'Administration ! Mort à la police ! Plus de porteur de contraintes ! s'écrie l'un. A bas le directeur de l'Intérieur ! jure l'autre..... etc. »

Quant à ce qui est advenu en décembre 1895, je me conten-
terai de rapporter ici une partie (la dernière) du texte du procès-
verbal sommaire de la séance. Voici cet extrait emprunté au journal *Le Messager de Tahiti,* n° 521 du 14 décembre 1895 :

EXTRAIT DU PROCÈS-VERBAL DE LA SÉANCE DU 2 DÉCEMBRE 1895

. . . .

. . . .

. . . .

M. LE DIRECTEUR DE L'INTÉRIEUR. — Je n'ai pas entendu ce mot, Monsieur le Président, car je n'aurais pas manqué de le relever, comme il convient.
Et si la discussion doit continuer sur ce ton, je vous avertis que je me verrai
contraint de me retirer.

Je ne puis admettre que le gouverneur, que je représente dans cette
enceinte, y soit traité de cette façon.

Le conseil est réuni pour examiner et voter le budget, non pour faire
des personnalités et critiquer, ainsi que vous le faites, des mesures que le chef
de la colonie a prises dans la plénitude de ses pouvoirs.

M. LE PRÉSIDENT. — ... Je suis fâché, Monsieur le directeur de l'Intérieur, d'avoir à les critiquer ainsi devant vous; mais vous m'accorderez bien
que, ce faisant, je me conforme à mon devoir qui est de repousser, de quelque

part qu'elles viennent, des attaques aussi flagrantes que celle qui vient de se
produire à la dignité de notre assemblée.

Je me sens d'autant moins disposé à tolérer celle-ci que rien dans nos
actes ne l'autorisait et que, si, en cette circonstance, il y a des torts, ils ne sont
pas de notre côté ! . . . »

M. LE DIRECTEUR DE L'INTÉRIEUR. — Mais vous venez de parler de chantage ! »

M. L. BRAULT. — En effet, et avec juste raison !

M. LE PRÉSIDENT. — . . . J'ai raconté les tentatives faites pour m'amener
à exercer une pression sur mes collègues.

J'ai dit qu'à une demande, indirecte et discrète d'abord, avaient promptement succédé des menaces. Tout cela est l'exacte vérité, et si ce n'est pas là du
chantage, je ne sais plus alors ce que c'est.

M. LE DIRECTEUR DE L'INTÉRIEUR. — Je ne puis en écouter davantage,
Monsieur le Président.

Je me retire.

(M. LE DIRECTEUR DE L'INTÉRIEUR QUITTE, SUR CES MOTS, LA SALLE DES DÉLIBÉ-
RATIONS.)

Après ces citations, je n'ai plus le droit d'ajouter un mot sur
les procédés parlementaires en usage dans l'assemblée tahitienne;
le lecteur jugera.

La création du conseil municipal a porté les passions politiques
à leur véritable paroxysme; de tous les moyens employés
jusqu'alors pour assurer le triomphe des partis, le plus vil fut mis
en œuvre, la corruption; l'argent — ce nerf de la guerre — est
maintenant le facteur indispensable à la victoire.

Les indigènes, gens malléables, à principes indécis, prenant
des deux mains, et parqués dès la veille d'une élection dans les
magasins, n'en sortent le lendemain que par bandes que l'on conduit au scrutin comme des moutons à l'abattoir. Détail typique
et qui marque bien le degré de scepticisme des Maoris, — je dirais
de cynisme s'il s'agissait d'Européens, — c'est qu'aux élections
de mai 1896, cinquante d'entre eux embauchés par les meneurs
d'une coterie qui les avaient enfermés jusqu'à l'heure du scrutin,
puis accompagnés jusqu'à la porte de la mairie, trouvèrent moyen
en se découvrant pour entrer dans la salle du vote, de déposer
dans l'urne des bulletins qu'ils avaient dissimulés au fond de leurs
chapeaux et portant d'autres noms que ceux pour lesquels on les
avait rémunérés.

Ce tour canaille fit beaucoup rire des victimes, sans toutefois les corriger, car dans les mêmes occasions, les mêmes manœuvres seront renouvelées.

Les documents officiels nous montrent que, depuis leur institution, les conseils général et municipal n'ont pas subi de bien profondes modifications dans leur composition.

Ce sont à peu près les mêmes noms qui frappent le regard tant à l'assemblée coloniale qu'au corps municipal, qu'aux chambres de Commerce et d'Agriculture, comme au sein des divers comités, lorsqu'on consulte les annuaires de la colonie. Je dois ajouter, à l'honneur des deux assemblées, et aussi pour signaler à nouveau la rareté de personnalités ou individualités vraiment notables, que depuis leur origine, le même homme — jouissant de l'estime même de ses adversaires — remplit les fonctions de président du conseil général et de maire de Papeete.

Cette espèce de présidence à vie a pourtant été marquée par un interrègne de courte durée, de novembre 1896 à novembre 1897.

Le haut personnel de l'Administration, désireux de vivre en bonne harmonie avec les élus du peuple et d'éviter ainsi « des histoires », se plie parfois à de certaines concessions, sous peine de voir rejeter toutes ses propositions sans en excepter celles d'une utilité générale incontestable; la minorité a beau jeter des cris indignés, les plus forts, c'est-à-dire les plus nombreux, ont toujours raison.

C'est d'ailleurs au sein du conseil une incessante guerre de représailles quand la majorité se déplace. Pour dire toute la vérité, rarement, l'Administration se trouve du côté de la minorité et ces défaillances la conduisent parfois à exprimer de tardifs et inutiles regrets. Sous couleur d'économies à réaliser, souvent sous de futiles prétextes, mus en réalité par des sentiments inqualifiables, les membres du conseil tahitien s'immisçant de façon détournée, dans des détails d'ordre administratif, demandent et obtiennent le renvoi, la tête, comme ils disent, de fonctionnaires dont le traitement relève des dépenses facultatives qu'ils sont appelés à discuter.

En novembre 1894 plusieurs employés, coupables de crimes imaginaires, furent licenciés, mais presque dès leur départ pour la France remplacés par des auxiliaires pris sur place, et cela va de soi, partisans de la majorité d'alors.

En pique-nique à la pointe Vénus.

Depuis, en novembre 1896, les membres de la Commission des Finances n'ont point hésité à dénaturer des documents officiels, pour obtenir de l'assemblée locale la suppression d'emploi d'un chef de service fidèle à ses devoirs et par cela même qualifié de « gêneur, d'empêcheur de danser en rond ».

Le représentant de l'administration, qui aurait dû dénoncer et flétrir ces déplorables agissements, se déroba à son devoir, restant muet à son fauteuil.

En butte à la rancune de la majorité du Conseil, abandonné par l'administration pour laquelle il ne voulait plus être un embarras, le chef de service dut, un an' plus tard, quitter la Colonie pour chercher auprès du Département la juste protection qu'on lui refusait sur place.

Par ces détails, on peut juger de ce que peuvent être les relations de société à Tahiti et principalement au chef-lieu.

Les familles, divisées par la politique, tirent à boulet rouge sur les fonctionnaires relevant du service local et qui commettent le crime impardonnable d'entretenir des relations avec un adversaire quel qu'il soit.

De là, une gêne, des embarras continuels pour le gouverneur et les chefs d'administration, au moment d'une cérémonie publique ou dans les réunions qu'ils organisent par devoir ou pour leurs plaisirs. Il leur faut, au préalable, prendre des précautions inouïes pour éviter certains contacts qui produiraient l'effet d'une étincelle sur une charge de poudre.

Dans un dîner offert par M. le gouverneur Gabrié aux conseillers généraux, la veille de l'ouverture de la session de novembre 1897, les places furent distribuées de telle façon que l'on parvînt à éviter toute collision, et qu'on ne fût pas obligé d'attacher les convives, nombreux en la circonstance, d'autres invitations ayant été lancées, en dehors des membres de la représentation coloniale.

La chronique, toujours indiscrète, rapporte cependant que malgré tous les soins, toutes les peines prises pour donner quelque animation à cette réunion, la fête s'était ressentie des fâcheuses et réciproques dispositions des invités, et que le repas des plus succulents, paraît-il, avait tout à fait « manqué de chaleur ».

Dans les soirées, dans les bals — assez rares d'ailleurs pour les motifs que l'on connaît, — certaines notabilités féminines quittent parfois les salons en coup de vent, sous le fallacieux prétexte que la gouvernante a admis, à sa droite ou sa gauche, aux places d'honneur enfin, des dames non qualifiées pour cette marque de bienveillance ou de distinction.

Pauvre gouvernante! Ces misères, ces petitesses mondaines expliquent et justifient la conduite de certains jeunes gens qui, après la révérence aux maîtres de la maison, s'empressent, à regret, de filer à l'anglaise, laissant à l'ennuyeuse tapisserie les jeunes demoiselles qui avaient chaussé leurs jolis petits souliers pour une tout autre occupation.

Qu'il me soit permis d'exprimer ma pensée tout entière, et de dire après et avec M. Deschanel : « qu'en présence de pareils faits, on est amené à se demander s'il n'y a pas dans le climat de ces pays enchantés, dans les senteurs embaumées qu'on y respire, une force invincible et douce qui, à la longue, amollit les âmes, énerve les volontés, affaiblit la notion de l'utile et du juste ou du moins l'énergie nécessaire pour les faire triompher ».

Cet état d'esprit particulier, exclusif de toute harmonie, de toute cordialité durable entre voisins, de famille à famille, doit en effet trouver sa source dans l'air ambiant; on l'appelle la « fièvre de Corail ». Fièvre de Corail ou tourment des dignités, des grandeurs, le mal existe permanent, rebelle aux efforts les plus loyaux d'esprits désintéressés, sans préventions, qui ont essayé d'en enrayer la marche, d'en prévenir les effets, sans pouvoir y trouver un remède efficace.

Il n'est point heureusement d'éternelles tempêtes; celles des passions comme celles des éléments subissent l'action lente mais sûre des ans. C'est du temps, qu'il faut désormais attendre le retour du calme au fond des âmes troublées. La discorde et les haines ont été les conséquences imprévues, malheureuses, fatales, d'événements politiques; d'autres événements peuvent surgir qui rétablissent l'harmonie, l'union si nécessaire au développement des intérêts locaux, qui sont en même temps ceux de la mère-patrie, au fonctionnement normal de nos institutions : « Le progrès calme et sûr est toujours triomphant. » Puissions-nous ne pas trop attendre l'heure du triomphe rêvé!

Avant de clore ce chapitre je dirai quelques mots du climat de notre lointaine possession.

En dehors des esprits cultivés, ceux qui n'ont jamais quitté la terre natale ne voient ordinairement les colonies qu'à travers un épais brouillard, chargé de tous les miasmes qui engendrent les terribles fléaux à peu près inconnus sous le ciel d'Europe. Fièvres jaune, bilieuse, palustre, choléra, vomito-negro, etc. Plusieurs de nos possessions échappent à la règle commune, et de ce nombre sont nos « Établissements Français de l'Océanie ».

La température dépasse rarement à Tahiti, même par les plus fortes chaleurs, 34 degrés centigrades et descend dans la saison fraîche, juin, juillet et août, jusqu'à 18 degrés ; si elle est souvent humide, toujours énervante, elle n'a jamais engendré, par contre, de maladies épidémiques.

Cette salubrité est attribuée, comme en Nouvelle-Calédonie, à l'influence des vents de Sud-Est qui, soufflant régulièrement et avec intensité sur la côte orientale de l'île, purifient l'atmosphère.

A Papeete, la brise se lève habituellement vers neuf heures du matin et ne tombe qu'à quatre heures du soir.

Les cyclones sont rares à Tahiti, mais les bourrasques et raz-de-marée sont assez fréquents ; la pluie tombe environ 100 à 120 jours par an, très souvent accompagnée de coups de tonnerre qui ébranlent les habitations en bois et les récifs qui les supportent, menaçant de tout renverser, pendant que ses sinistres grondements, renvoyés en sonores échos par les sombres vallées, s'éloignent et se perdent dans l'insondable immensité du Pacifique.

IV

Dans le tableau de la vie domestique, tracé depuis soixante ans déjà par Moerenhout, l'existence polynésienne semble beaucoup moins vécue que rêvée. L'enthousiasme de l'auteur, d'une sincérité non équivoque, paraît tenir beaucoup plus d'un esprit imaginatif, que de la fidèle et attentive observation: « Laquelle de nos langues européennes, s'écrie-t-il, serait assez naïve en images et en expressions, pour peindre avec vérité une journée indienne à O.-Taïti ?... »

Mais quel changement depuis, si là vraiment est la réalité !

De la religion d'autrefois, du culte rendu à l'Être Suprême Taaroa, à son fils Oro, le terrible dieu de la guerre, aux mille divinités secondaires qui peuplaient les champs et l'atmosphère, il n'en reste guère souvenance.

De rares vieillards, invalides au chef branlant, à l'épiderme tatoué, à la mémoire troublée, vous montreront les maraïs en ruines, sans pouvoir articuler rien de précis sur les anciennes cérémonies liturgiques, ni sur les sacrifices humains, ni sur la secte cruelle des Arioïs qui tuaient sans pitié tous leurs enfants au moment de leur venue au monde.

Si le christianisme, triomphant par la division des chefs, a chassé devant lui la religion primitive, il a été impuissant à régénérer la race, à infuser un sang meilleur dans les veines du Tahitien.

Si le citoyen de 1898 ne ressemble guère au sujet de 1820, la différence est loin d'être très accentuée, elle est toute d'apparence, et le naturel reparaît à l'annonce des fêtes, des jeux précurseurs de plaisirs interdits, toujours suivis du « dolce far niente » si cher à ces enfants du soleil.

Un cycle de vingt lustres ne suffit pas à détruire les germes fécondés par des siècles d'atavisme.

Le langage lui-même s'est notablement modifié, mais les indigènes préfèrent à notre langue leur idiome appauvri, dénaturé, au point que les chefs et les pasteurs eux-mêmes n'entendent plus que quelques mots de la pure langue maorie de jadis, perdue, noyée dans l'envahissement croissant de mots français, anglais, etc., qui contraignent les autochtones à désigner par des noms nouveaux les objets inconnus, ignorés jusqu'alors.

Et ces changements dans les habitudes, les coutumes et la langue des aborigènes sont — nous le verrons plus loin — beaucoup moins prononcés dans l'intérieur qu'au chef-lieu.

En attendant l'étude de l'existence intime du Tahitien des districts, je vais dire quelle est la vie, comment s'écoulent les jours et les nuits dans la cosmopolite Papeete.

C'est au marché couvert, en face de la mairie, à quatre heures du matin, à l'aube naissante, que la population vient faire ses provisions.

Avant et pendant l'ouverture des grilles, les bonnes gens se saluent de l'invariable « Ia orana oe » (bonjour à toi) toujours suivi de l'indiscret « Ea parau api » (quoi de neuf?), car la curiosité est instinctive chez les Tahitiens, comme elle est intéressée parmi les blancs.

Du marché, dans le panier, avec les vivres destinés aux repas de la journée, partent les histoires, les commérages, les potins qui, à défaut de choses intéressantes, alimentent les conversations. Vous est-il arrivé de veiller tard chez vous ou bien au cercle ; d'avoir fait une promenade nocturne par les rues de la ville apparemment désertes ; d'avoir attendu au passage des galatées les priant de vous accompagner chez vous pour des himénés ? Vous pouvez être certain que le fait sera le lendemain colporté de bouche en bouche au marché, et fera ensuite le tour de la ville, passant par les hôtels des administrateurs de tout grade, — que vous ayez ou non la bonne fortune d'être fonctionnaire, — et c'est ainsi 365 fois par an, si l'année n'est pas bissextile.

Après le marché, entre six et sept heures, survient l'ouverture des magasins, des bureaux, et à l'inévitable « Ea parau api » que les employés s'adressent, succèdent les histoires croustillantes, épicées, rapportées des halles, par la bonne, le domestique ou le camarade, et qui aident à tuer les heures réglementaires d'un travail qui doit, parfois, s'en ressentir.

Si madame X... n'était pas hier au bal de la Boule noire qui fut si animé, et auquel son mari n'avait eu garde de manquer, on en connaît maintenant les raisons... vue à minuit dans les lantanas du mont Faïéré... et pas seule !

« Changez les heures et le lieu de vos rencontres avec la belle Eou, ne l'accompagnez plus jusqu'à la porte de ses parents à deux heures du matin, car vous avez été... filé », vous conseillera quelque ami vraiment charitable, un peu initié à vos secrets, mais encore mieux renseigné par la chronique ; et pourtant à minuit comme à deux heures du matin, ni la suave madame X..., ni la gentille Éou, ni vous, ni le chien qui vous suivait n'aviez découvert âme qui vive ; ce sont les toupapaau (les revenants) qui ont

Groupe de Valinés.

tout vu, tout répété, ils se tiennent, paraît-il, dans les arbres ; et
le lendemain votre secret si cher est la fable de la ville.

L'officier de marine qui, dans *le Tour du monde* du
26 mars 1898 a publié une relation sur la dernière expédition
des Iles sous le Vent, déclare « qu'il est absolument impossible de
chuchoter un secret à un cocotier sans que l'île entière en soit in-
formée le lendemain ». Cette citation est la justification de mes
assertions, mais le commissaire de police de Papeete, qui habite
Tahiti depuis 3o ans, pourrait, mieux que personne, nous initier
à bien des mystères ; huit gros volumes de notes prises au jour le
jour, et puisées aux meilleures sources, fourniraient à l'écrivain
plein d'humour tous les matériaux nécessaires à l'histoire politique, administrative et potinière du pays. La philosophie qui se
dégagerait d'un tel ouvrage aiderait à montrer sous leur jour véritable les mœurs étranges de notre possession polynésienne.

Vers dix heures, pendant que le soleil court vers le zénith,
chauffant atrocement les immeubles en bois, les conversations
languissent, s'éteignent ; les bureaux, les magasins, les ateliers
se vident, et le personnel — fonctionnaires et employés de toute
catégorie — s'éparpille en ville, faisant une halte aux cercles, ou
regagnant la case où la famille l'attend à l'heure du déjeuner.

A midi, les établissements commerciaux rouvrent leurs portes
au public, une heure avant celles des bureaux de l'Administration.
La séance du matin reprend plus pénible et se ressent de l'élévation de température qui s'est produite, et qui, jointe au travail de
la digestion, prédispose plus aux douceurs de la sieste qu'au
déballage des cotonnades ou à l'examen du dossier d'une affaire
quelconque, dont il est préférable d'ajourner la solution. A cinq
heures vient enfin le moment de la délivrance ! sans attendre une
minute de plus, employés et patrons, gros et petits fonctionnaires
détalent avec un égal empressement, comme gens sur lesquels se
seraient depuis longtemps fermées les portes des prisons et pour
qui sonnerait enfin l'heure de la liberté. Mais aussi quelle interminable journée ! quelle pénible besogne !

Chacun court alors à sa distraction favorite. C'est la promenade
sur la route de Faa, ou du côté de Fataua où se croisent des véhicules de toute sorte, de gais et rapides cavaliers, de ravissantes

beautés pédalant avec nonchalance ou filant à une allure vertigineuse.

C'est pour d'autres la partie de manille ou de dominos qui précède et accompagne l'apéritif traditionnel. Seuls quelques graves personnages, depuis fort longtemps établis dans la cité, s'en vont fumer des pipes, sans souci du lendemain.

Soixante minutes environ sont consacrées au repas du soir, puis l'on quitte la table pour retourner aux cercles, ou flâner en bâillant par les rues à moitié désertes.

Pendant que les papaa (blancs, étrangers) sont en train de dîner, les maoris se réunissent sur la place du Marché qui est l'Agora de la licence, comme la place du Gouvernement ou de la Musique est le Forum de la upa-upa (danse),

Ces deux lieux de réunion où se concentre, le soir, la vie de Papeete méritent une mention spéciale.

La place du Marché où se dressent quelques arbres est encadrée par les rues Bonnard et des Beaux-Arts, le jardin de la Mairie, les bâtiments Atuater et enfin par les Halles. Un petit bassin carré, entouré d'une grille en métal, et d'où bondit vers l'espace un filet d'eau presque invisible, est l'unique ornement de l'esplanade. Dans les ombres crépusculaires, partout des guirlandes de fleurs, des cigarettes tahitiennes fabriquées avec du tabac roulé dans une feuille de pandanus, parfois même des primeurs, et toujours munies d'un quinquet fumeux, de vieilles femmes s'adossant aux parois du bassin étalent par terre, sur un linge ou une natte, les objets tentateurs.

En face, contre les grilles du marché, s'installent des marchands d'oranges, de pastèques, de cocos, d'ananas, de mapés ou châtaignes, de gâteaux gluants, et un glacier dont le tic-tac de la petite machine ne laisse pas d'intriguer les naturels débarqués depuis peu au chef-lieu.

Dans les bâtiments des rues environnantes, les débits, les échopes, les auberges, les boui-bouis, les magasins tenus par des Chinois graves comme des magots, diversement éclairés, fourmillent de monde qui se répand peu à peu sur la place du Marché pour lui donner son animation et son cachet habituels.

Les tanés et les vahinés (hommes et femmes), pieds nus, couronnés de fleurs, parfumés au monoï-tiaré ou au monoï-pipi

(parfumerie européenne), se promènent par bandes, se donnant la
main, chantant en un langage incompréhensible des choses moins
difficiles à entendre.

Dans cette foule à l'accoutrement léger, sommaire parfois,
parmi les vendeuses de fleurs, de fruits — d'amour aussi, — cir-
culent ou stationnent de nombreux étrangers, marins de toutes les
nations, soldats français, employés de commerce et d'administration,
sans compter le dessus du panier qui, sous le manteau de la curiosité
ou de l'étude des mœurs, dissimule fort mal le but qu'il poursuit.

Sur cette place de l'égalité où tout se mêle, on assiste à des
scènes d'un réalisme indicible ; tout se vend et trouve preneur ;
c'est une foire d'amour, ou plutôt, selon la pittoresque expression
de la localité, le « Marché à la Viande ».

Tandis que des accordailles se concluent, des chœurs s'organisent, prennent siège aux angles du fameux bassin et, aux
rythmes d'un accordéon ou de tout autre instrument, les himénés
viennent jeter leur note sauvage dans ce bizarre et singulier milieu.
Il n'est pas rare que la police — qui toujours veille à ces heures-là
— ne soit obligée d'intervenir pour réprimer des scènes de pugilat,
conséquences naturelles des difficultés inhérentes à la conclusion
de certains engagements au comptant ou à terme.

C'est généralement vers onze heures que la foule se disperse ;
comme toujours et comme partout, les amoureux s'en vont par
deux, rasant les murs, fuyant les rayons des réverbères ou des
quinquets, la vahiné couronnée pour l'hymen, le tané (homme) porteur d'une douceur, cocos, ananas, fruits, le rafraîchissement de
la soirée intime. Les marchands ne tardent pas à disparaître après
la clientèle ; et derrière eux, comme un lugubre linceul, les
ténèbres s'emparent de la place. Seule, comme une étoile paresseuse, une dernière et vacillante lueur demeure à l'angle de la rue
Bonnard ; dormez en paix, habitants de Papeete, la police veille.
Dans quelques heures, à l'ouverture des halles, entre l'achat d'un
melon et celui d'un poisson, les petits événements de la veille, de la
nuit, seront connus, colportés sans retard aux quatre coins de la ville.

Il est pourtant des circonstances qui enlèvent à la place du
Marché son animation, sa vie ; une fois par semaine, en effet, —
rarement deux, — la fanfare locale fait entendre ses accords sur la

place du Gouvernement. C'est alors là que se porte la population de Papeete, comme elle envahit les abords de l'hôtel du gouverneur, du maire ou d'un chef d'administration, lorsqu'ils ouvrent leurs salons à l'occasion de quelque solennité ou soirée dansante.

Un carré de 60 mètres de côté, tapissé d'un moelleux gazon, au centre duquel s'élève un kiosque pouvant contenir une quarantaine d'exécutants, voilà la place de la musique encadrée par la rue Rivoli, les barrières du cercle militaire, du jardin du Gouvernement et du pavillon des Revues. Plusieurs bancs disposés sous de grands flamboyants et des acacias, le long de l'avenue qui mène à l'hôtel du chef de la colonie, permettent aux dilettanti d'éviter certains contacts ou d'être heurtés par les amateurs de upa-upa, dont la cadence initiale va *crescendo* pour finir en bonds désordonnés.

Rien de plus vivant que ce tableau, magistralement brossé par l'auteur de la *Nouvelle Cythère*, représentant la place du Gouvernement par un soir de musique : « Huit heures ! Le kiosque où se place la fanfare locale vient d'allumer ses lampes à pétrole. Depuis un moment déjà les marchandes de couronnes sont arrivées. Elles se tiennent accroupies sur l'un des côtés de la place du Gouvernement.

« Une bougie éclaire leur étalage où se trouvent, à côté de fleurs tressées, les cigarettes de pandanus, les ananas, les bananes, les pastèques et les crêpes, noirâtres, minces, sentant la graisse.

« Un *allegro* bruyant et mal joué ouvre le concert. Les garçons et les filles vont et viennent ou forment des groupes auxquels se mêlent les fonctionnaires et les officiers de la flotte. La demi-clarté de la nuit permet des privautés et les propos les plus libres, en français et en tahitien, se croisent.

« Quelquefois, en dépit de la vie qu'elle mène, la vahiné sent une offense à sa pudeur dans le geste du « farani » (français.) Elle a un mouvement d'épaule d'une grâce particulière, une sorte de frémissement qui marque un vague reproche ; elle se drape, ramène le bras droit sur la poitrine et murmure : « Haere fau-fau », ce qui veut dire : « Laissez-moi tranquille, monsieur », ou plus littéralement : « Va-t-en, polisson ! ».

« Mais voici que l'on joue une polka. Les vahinés se mettent à sauter, toutes droites dans leurs peignoirs flottants, en mesure, scandant une chanson libertine, car, mieux que le latin, le Tahitien brave l'honnêteté dans les mots. N'est-ce pas Loti lui-même, que j'ai devant moi, donnant le bras gauche à Rarahu et le bras droit à Térii ? L'élégant officier en jaquette et en casquette blanches est entraîné par les bonds de ses compagnes. Quand il s'arrête essoufflé, c'est pour leur faire présent d'une couronne de fleurs et se parer lui-même de ce diadème éphémère dont les parfums violents lui montent au cerveau. La musique terminée, la fête se continue dans la case de Rarahu meublée d'un lit et d'une malle.

« L'officier a donné une piastre chilienne pour aller acheter du rhum. Chacun à son tour porte à ses lèvres le goulot de la bouteille... »

Et c'est ainsi, avec toutes les réticences que l'on devine à la lecture de cette fidèle peinture de mœurs, qu'une ou deux fois par semaine, on assiste à cet inoubliable spectacle donné gratuitement en plein air, à deux pas de l'hôtel du Gouvernement.

Un fonctionnaire soucieux de ses devoirs jusqu'au scrupule, mais épris de musique jusqu'à la passion, M. E. Vermeersch, chef du service de l'Enregistrement et frère de l'explorateur bien connu, M. le capitaine Léon Vermeersch, a réussi, grâce à une persévérance, à une véritable obstination dont on ne saurait trop lui savoir gré, à organiser quelques soirées musicales, puis à fonder à Papeete une société philharmonique. Les membres de cette compagnie exclusivement composée d'amateurs, réunissent plusieurs fois par mois, soit dans des hôtels particuliers, soit dans des locaux appropriés, l'élite de la population, sans distinction d'opinion ou de parti, réussissant ainsi à mettre une note de gaîté à la monotonie de l'existence mondaine à Papeete. Le contact des divers éléments d'une population profondément troublée, divisée par de mesquines questions d'intérêt, et dont les rencontres plus fréquentes, sur un terrain neutre, peuvent faciliter la fusion, prouve une fois de plus que si la musique adoucit les mœurs, elle rapproche aussi les distances.

Qu'on n'aille pas s'imaginer que ce n'est point sans éprouver mille difficultés que M. E. Vermeersch est parvenu à mener son œuvre à bonne fin. Le succès obtenu montre ce que peut une énergique volonté, au service d'un esprit plein de rectitude, d'indépendance et de tact, en même temps que dépouillé de toute prévention.

Qu'il me soit permis, à titre d'hommage au mérite de l'artiste, de citer le programme de la soirée musicale donnée par la Phil-harmonique tahitienne le 18 février 1897 ; soirée dont le produit fut employé à une œuvre patriotique. Voici le programme :

❧ PAPEETE ☙

SOIRÉE MUSICALE

ORGANISÉE

par la Société Philharmonique Tahitienne

Le Jeudi 18 Février 1897

à 8 heures du soir

dans les Salons du Palais du Roi

Avec le bienveillant Concours d'Amateurs de la Localité

Première Partie	Deuxième Partie
1. *Ronde des Pages*, de TAVAN, ORCHESTRE	1. *Marche des Gladiateurs* (TAVAN), ORCHESTRE
2. *Nous verrons-nous encore*, romance, M. ED. BRAULT	2. *Chansonnette*, M. BADOT
3. *Le Hanneton*, monologue, M. CORNU	3. *Petite fleur*, romance (E. DE LAPRADE), M. ED. BRAULT
4. Sélection de la *Fille du Régiment*, de DONIZETTI, ORCHESTRE	4. *Gavotte Stéphanie* (CZIBULKA), ORCHESTRE
5. *Le Revenant*, conte de Grand'-Mère, M. ED. BRAULT	5. *Le Canard Marseillais*, monologue, M. CORNU
6. *Chansonnette*, M. BADOT	6. *Hymne des Enfants de Tahiti*, M. ED. BRAULT
7. *Valse Russe* (ANTONIN LOUIS), ORCHESTRE	7. *Chansonnette*, M. BADOT
Dix minutes d'entr'acte,	8. *Fleur d'Iva*, mazurka, (A. LAMOTTE) ORCHESTRE

PRIX DES PLACES

Réservées, 1 piastre 1/2 ; Premières, 1 piastre ; Secondes, 1 demi-piastre.

On peut se procurer des Cartes d'entrée à l'avance chez MM. E. DROLLET et RAOULX, négociants à Papeete.

Le produit de la Soirée est destiné à offrir des rafraîchissements aux Militaires et Marins ayant pris part à l'expédition des Iles sous le Vent.

OUVERTURE DES PORTES A 7 H. 1/2 — ON COMMENCERA A 8 HEURES

Les tableaux peu attrayants dont j'ai tracé une rapide esquisse ne sont pas les seules choses sur lesquelles le lumineux et chaud regard de Phébus aime à s'arrêter. De plus intéressants spectacles qui, pour être plus rares, n'en sont pas moins dignes d'attention, viennent de temps en temps faire diversion à l'ennui qu'engendre infailliblement à Tahiti, comme partout ailleurs, l'uniformité de l'existence.

Malgré les critiques que j'ai cru devoir formuler, Papeete n'est point la ville du spleen par excellence, et si l'on n'y trouve pas les divertissements multiples et variés de nos grandes villes de France, on y échappe, du moins, à la mortelle tristesse qui vous étreint dans les petites localités de province.

Aimez-vous la musique? Vous avez les fréquentes répétitions puis les soirées charmantes qu'a inaugurées M. E. Vermeersch.

Si vous inclinez pour le lawn-tennis, acclimaté à Papeete depuis 1895 par le gouverneur actuel, vous verrez se dresser devant vous, la raquette à la main, la stature athlétique de M. Gallet toujours prêt à se battre et à vous battre en renvoyant la balle avec une dextérité dont les amateurs de ce genre de sport se souviennent encore à Nouméa. Donnez-vous la peine de présenter la raquette à la gouvernante ou à Mlle Gallet et vous ne trouverez jamais dans leurs yeux l'ombre d'un refus; bien au contraire, vous pourrez constater que l'on ne manque dans la famille ni d'entrain, ni d'adresse, ni de grâce.

Enfin, si on aime la danse, on peut trouver, en dehors des soirées officielles, de nombreuses occasions de faire valoir les talents chorégraphiques qu'on possède, et acquérir l'assurance que le culte de Terpsichore a dans la colonie de fervents adeptes.

C'est en février 1895 que je rencontrai, pour la première fois, le « monde select » de Papeete dans les salons du Gouvernement.

« Le Gouverneur des Établissements Français de l'Océanie et Mme Papinaud prient M. ... de leur faire l'honneur de venir passer la soirée à l'hôtel du Gouvernement, le 26 février à 9 heures.

« On sera costumé.

« Le travestissement sera de rigueur pour les jeunes gens. »

Les invitations ainsi formulées et lancées bien longtemps avant

Le Gouverneur et ses invités le 14 juillet 1896.

la date assignée au bal permirent aux imaginations de se donner libre carrière pour le choix du travestissement.

La journée du 26 février fut pour les invités particulièrement animée, presque fiévreuse; le soir tout Papeete était sous les armes.

Un peu avant l'heure de la réception, de la rue Rivoli à la porte du jardin de l'hôtel, tout le long de l'allée, une double rangée de lanternes vénitiennes aux formes capricieuses, aux bizarres dessins, répandait une douce clarté pleine d'un charme étrange.

Encadrant l'entrée du parc, se détachent éclatantes, éclairant de colossales touffes naturelles de bambous, deux énormes lettres symboliques « R. F. ».

Dans les massifs de sombre verdure, autour du jet d'eau, posés sur des ifs, émaillant les parterres comme des nuées de lucioles, brillent les feux de milliers de verres aux nuances assorties, semblant du sol regarder jalousement les étoiles piquées là haut dans l'infini, sur le manteau du firmament.

Complétant ce féerique décor, se dresse, au fond, la façade de l'hôtel, resplendissante, couverte d'écussons, de drapeaux, d'ori-flammes, de lanternes, de verres de toutes couleurs, dont la vive clarté fait un incomparable rideau flamboyant sur le fond noir des monts d'alentour.

A l'intérieur, les salons trop exigus sont démeublés pour laisser plus de champ aux danseurs. Les murs sont ornés d'admirable façon, avec cette fantaisie pleine d'un je ne sais quoi, que les Poly-nésiens savent apporter aux travaux de cette nature.

Les plafonds sont tendus de guirlandes, de fougères et de fleurs tressées, alternant avec des étoffes aux nuances changeantes, aux tons moirés et vifs d'une lumière solaire passant à travers un prisme de cristal.

Et partout la luxuriante végétation des plantes tropicales, sicas, fines fougères, bananiers et palmiers disposés dans les encoignures, complète le cadre riant de ce tableau débordant de vie et de gaîté.

En face de la véranda, dissimulé sous une voûte de feuillage, le kiosque servant autrefois de salle de billard est aménagé pour le fin souper qui suivra le bal.

En plein air — car la nuit est superbe, — la fanfare munici-

pale prélude philosophiquement aux accords des danses joyeuses,
tandis que la salle de jeux ainsi que la buvette attenantes aux
salons reçoivent déjà le coup d'œil investigateur d'invités plus
sensibles aux charmes de la dame de pique, qu'empressés au
rôle de valets de cœur.

Les curieux sillonnent le jardin en tous sens, passant pour
ainsi dire une véritable revue de détails, dont le résultat se traduit
par des expressions interjectives d'où l'admiration semble exclure
la critique.

Dans l'échange des compliments entre personnes de connais-
sance, une franche cordialité fait présager que la fête sera parfaite
malgré l'élévation de température qui est à ce moment de 24° centigrades.

Neuf heures ! En haut du perron de l'hôtel le maître des cérémonies annonce que le Gouverneur et Mme Papinaud sont au salon :
le défilé commence.

L'huissier annonce les invités qui, après la révérence et une
poignée de main aux maîtres de la maison, vont se ranger par
groupes sympathiques, ou remplir leurs carnets de bal. L'ex-reine
Marau fait son entrée accompagnée de sa sœur cadette, miss Manini Salmon, qu'à la stupéfaction générale on annonce sous le titre
de « Princesse Manini ».

Ce titre de princesse tombe comme un filet d'eau glacée sur
quelques individualités féminines dont l'âme s'emplit d'une
haineuse consternation. Les jeunes gens rient sous cape dans les
coins, heureux de la facétie dont l'un d'eux est, dit-on, l'auteur.

Après tout, si Manini n'a pas son nom dans le *Gotha* polynésien, elle peut à bon droit se réclamer du titre de princesse qu'elle
a gagné par une excessive tendresse de cœur et par les liens de
famille l'attachant de si près au diadème de Marau, la femme
divorcée de Pomaré V, qui a tant fait parler d'elle...

Mais il vaut mieux profiter de ce que la fanfare en notes éclatantes égrène le chapelet des valses folles et des quadrilles enle-
vants, pour jeter un coup d'œil sur les costumes, objets de tant
de soins, de tant de soucis, et qui cachent aux regards indiscrets
d'innombrables trésors.

Un éblouissant croissant piqué dans une chevelure d'ébène qui

sert de cadre à une figure au teint mat, relevé par les feux de deux
diamants noirs étincelant au bas du front; sur une gorge d'une
blancheur liliale, ruisselle en fauves reflets l'or des sequins véni-
tiens, tout cela, allié à un costume d'almée, est porté avec une
grâce vraiment exquise par la reine du bal, Mme Papinaud.

La gouvernante veille elle-même à tout, et pour tous a quelque
délicate attention qui révèle une distinction native, celle que la
race seule donne.

Non loin de l'emblème des croyants voici la candide et ado-
rable miss L.... en moscovite; ce symbolique déguisement lui
attire une ovation à laquelle elle se dérobe promptement et qui met
au lys de ses joues le carmin de la pudeur effarouchée.

« Redoutez mon glaive, je suis la Justice qui passe et frappe ! »
dit la voix fraîche et claire de Mme D... qui joue au Président
de cour. La toque, l'hermine, la robe aveuglante ameutent les
danseurs autour de la séduisante Thémis, qui se dégage en se laissant enlever par un hardi cavalier, et emporter dans les tourbillons
d'une valse effrénée.

Les demoiselles G..., l'une en papillon, l'autre en andalouse,
excitent de tendres murmures.

Et des nymphes et des sylphides et des Grâces ! La princesse
Pomaré, fille du célèbre Tamatoa, en mousmée et Mme S... en
odalisque.

Je regretterais d'oublier miss R... en tahitienne avec diadème
de pia, panache de Reva–Reva et robe en tapa de l'ancien temps...

Non moins variés sont les costumes masculins qui ont beaucoup
emprunté à leurs pays d'origine. M. R... est en marquis, M. H...
en toréador, le jeune M... en mousquetaire, l'ami D... en
page toujours coquet, agaçant les dames qui le menacent, mais
du doigt seulement. Passant sur les inénarrables j'arrive à
M. Papinaud.

Le gouverneur n'a pas voulu laisser passer une occasion si
propice de flatter l'amour-propre des Tahitiens; mais en faisant
cela il n'a point omis que, même sous un déguisement, un vrai
chef sait garder son rang, et c'est le front auréolé d'un diadème
en pia, costumé du Tipouta fleuri, autrefois porté par les seuls
Arioïs, les Tavana (grands chefs), les prêtres et les cheffesses, que

M. Papinaud se montra, simple comme toujours, mais d'une coquetterie imposante, malgré son instinctive modestie.

Encore un mot sur le costume du roi de la fête : « Le Tipouta, dit Moerenhout, est comme le poncho des Américains, beaucoup plus long que large, et ayant au milieu un trou propre à laisser passer la tête, tombe sur le devant et sur le derrière du corps en descendant jusqu'à la moitié des jambes, et couvre les épaules, mais laisse les bras libres et à découvert... »

L'étoffe du Tipouta du gouverneur, fabriquée avec de l'écorce d'arbre — maïoré je crois — préparée avec soin, rehaussée de guirlandes de fleurs et de dessins coloriés, imprimait à la personne du Tavana rahi, comme à son insu, un caractère de majesté presque troublante, pontificale...

Les derniers accords du quadrille d'ouverture expiraient à peine, la gouvernante n'avait pas encore regagné sa place quand, dans sa toilette de dame romaine, l'ex-reine Marau vint avec une certaine précipitation lui faire ses adieux.

Dans tous les regards se voyait un point d'interrogation ; que s'était-il passé? On se le demandait curieusement.

« Marau a été prise d'une indisposition subite qui l'a contrainte à se tirer des pieds, dit irrévérencieusement un des asssistants.

« Elle file parce qu'on ne l'a pas comprise dans le quadrille d'honneur », réplique un autre.

Et une voix féminine d'ajouter avec malice : « C'est peut-être parce qu'à son arrivée je ne me suis pas dérangée pour lui faire place à côté de la gouvernante. »

Au fond, tous avaient sans doute raison et l'on se consola du départ de Marau Salmon.

« La reine n'est plus là, tant pis pour elle, car les déesses nous restent, » s'écrie quelqu'un professant un médiocre enthousiasme pour la majesté déchue.

Et les valses de reprendre de plus belle avec un entrain endiablé.

Du jardin séparé des salons par l'unique et étroite véranda, la population de Papeete prend sa part du spectacle ; lorsque après chaque danse les couples sortent prendre un peu d'air frais, les propos s'échangent entre invités et spectateurs.

Si l'on se promène seul, l'amie — si on en a au dehors — guette discrètement la sortie, glissant doucement à l'oreille de l'amant le tendre reproche d'une jalousie soumise : « Haere maï Mafatou iti » (viens donc, mon petit cœur). Si l'on résiste à ce doux appel, que l'on sacrifie encore à la danse, l'on peut être certain que le retour au logis sera l'objet d'un accueil douteux de la part de la vahiné, jalouse de la femme blanche qu'elle exècre.

Il est une heure du matin lorsque les cavaliers offrent le bras aux dames pour les conduire dans la salle du souper.

De nombreuses tables superbement garnies y sont installées, ce qui permet les groupements à volonté et donne ainsi un tour plus vif, plus animé aux conversations qui ne tardent pas à s'engager, pleines de verve et de cordialité. Déjà l'on projette de danser jusqu'au matin, et l'on tiendra parole; le plaisir présent fait songer à celui que l'on pourrait avoir dans l'avenir, et l'on s'occupe d'organiser, dans un bref délai, une nouvelle soirée, tant on est satisfait de celle-ci; décidément l'on aime à s'amuser à Papeete...

Le champagne prédispose à de nouvelles sauteries; après avoir vidé les coupes l'on retourne à la valse.

Comme il faut laisser aux exécutants le temps de respirer — et de se réconforter, — Mme V... se met au piano, jusqu'à ce que l'orchestre reprenne les morceaux de son répertoire. La soirée se continue joyeuse, jusqu'à l'aurore, pour s'achever dans le tumultueux et charmant tournoiement d'une interminable boulangère...

V

La série des cérémonies officielles, dont je fus témoin pour la seconde fois à Papeete, eut lieu le 14 juillet.

La Fête Nationale devant être célébrée avec un éclat inaccoutumé, les chefs des districts furent non seulement conviés au chef-lieu pour la réception et le déjeuner annuels, mais aussi priés d'inviter leurs administrés au travail, pour répondre avec éclat au programme des réjouissances élaboré à leur intention.

Des prix très élevés étaient affectés aux plus belles pirogues doubles ornées et aux plus beaux costumes anciens du pays, aux danses et chants (himéné), indigènes en costumes, comme aux régates pour pirogues doubles montées par 40 rameurs.

De sérieuses récompenses étaient aussi attribuées au tir, aux jeux divers, aux courses de chevaux, à la fête vénitienne, et le maire terminait sa lettre aux indigènes par ce patriotique appel : « Nous comptons sur vous pour venir, en bons Français, célébrer à Papeete, avec nous, l'anniversaire national. Venez tous ! Nous vous recevrons avec joie et nous vous logerons, pourvu que vous me préveniez de votre arrivée quinze jours à l'avance — Salut à vous ! »

Devant la perspective de tant de plaisirs, de si nombreuses récompenses, les gens de l'intérieur en perdirent le sommeil et firent répondre que l'on pouvait compter sur leur concours le plus empressé ; ils tinrent parole.

Trois mois durant, toutes les forces vives des îles Tahiti et Mooéra s'employèrent sans relâche, nuit et jour, à abattre les géants des forêts pour la construction des pirogues ; à dépouiller les arbres de leur écorce, pour les tissus et la confection des étoffes anciennes ; à cueillir des fougères rares et mille végétaux divers pour tresser des guirlandes, fabriquer et teindre des fleurs, imprimer des dessins. On n'omit nullement, on peut le croire, les répétitions des himénés, des danses, des exercices lascifs, devant assurer à la région les plus hautes récompenses et les applaudissements de la foule. Pas une minute de temps ne fut perdue ; une émulation louable excitait l'ardeur des naturels des 22 cantons au sein desquels ils vivent dans les îles sœurs, Tahiti et Mooréa.

De pareilles fêtes étaient jadis plus fréquentes et chaque district possédait à cet effet, à Papeete même, un vaste emplacement réservé avec Fare-Hau (maison commune) destinée à loger les habitants d'une même localité.

De ces constructions en chaume, il n'en restait plus traces en 1895, mais des dispositions furent prises pour l'installation provisoire des gens de chaque région.

La grande salle du Palais de Justice et ses vérandas, les

anciens magasins de l'arsenal de Fare-Ute, la mairie et des locaux loués en ville leur furent réservés.

Dans la journée du 12 juillet, la ville de Papeete entendit le roulement continu du tariparau (tambour) annonçant l'arrivée des diverses tribus qui, suivies de tous les gamins de l'endroit, se rendaient aux logements qui leur étaient assignés.

Ce ne fut point un banal spectacle que le défilé de tous ces Tahitiens précédés de grosses caisses et de la bannière dont les plis flottant au vent portaient nos trois couleurs. Sommairement habillés, chargés de provisions et d'objets manufacturés pour les déguisements, les jeux et les expositions, ils marchaient dans les flots de poussière que soulevaient leurs pieds nus. Avec leur teint fortement basané, la démarche fière et assurée, hommes et femmes semblaient revenir de quelque expédition guerrière couronnée de succès, fructueuse en butin.

Aussitôt installé, tout ce monde, habitué aux douceurs du bain, courut faire toilette dans le ruisseau de la reine qui traverse la ville; et les blanches chemises, les paréos aux couleurs criardes, les beaux chapeaux de paille, les tuniques flottantes, voyantes, les guirlandes de fleurs, les tiarés parèrent ces immigrants qui se répandirent dans les rues leur donnant ainsi un air de folâtre gaieté.

13 juillet. — Dès le jour, le bruit assourdissant des tambours donnait le signal du ralliement pour les visites officielles. A l'heure convenue, chacun des vingt-deux groupes à la tête duquel marche le chef, ceint de l'écharpe tricolore, s'avance tambour battant; sur la bannière déployée se détache, en grosses lettres imprimées, le nom du district; les porteurs de cadeaux destinés aux autorités précèdent chaque tribu; les présents consistent en cochons — qui se lamentent hautement du mode de transport qu'ils subissent, — fruits, nattes fines, etc., etc.

La première visite fut naturellement pour le Tavana rahi (gouverneur), puis ce fut successivement le tour du directeur de de l'Intérieur, du maire, des chefs d'Administration et de service, et en gens pratiques, les indigènes n'oublièrent point les notables, les gros commerçants, les amis.

L'accueil fut partout empreint de la plus grande bonhomie, et comme les Tahitiens aiment les longs discours, la traduction des compliments d'usage, la transmission de toutes sortes d'assurances, par l'intermédiaire d'un interprète, dura fort longtemps, se terminant partout par l'exposition et l'offre des cadeaux.

Comme la plupart des humains, les Polynésiens offrent « un œuf pour avoir un bœuf », et ne manquent, dans ces circonstances, ni de finesse, ni d'adresse.

Aux objets qu'ils présentent ils ajoutent souvent une petite somme d'argent en disant à la personne qui les reçoit : « Nous savons que tu es pour nous comme un bon père pour ses enfants; c'est pourquoi nous te prions d'accepter ces quelques piastres et de les faire fructifier par un placement avantageux, pour nous les rendre ensuite. »

Un tel langage surprend et embarrasse quelquefois ceux qui habitent le pays depuis peu de temps, et leur fait éprouver une hésitation compréhensible à accepter ce dépôt. Mais les gens qu'une longue expérience de la colonie a rompus aux coutumes et aux subtilités de langage des maoris, se tirent promptement d'affaire en répondant à une amabilité si désintéressée par d'autres prévenances qu'ils accompagnent ordinairement d'une courte allocution aussi peu variée dans la forme qu'invariable au fond : « Je suis touché des souhaits et des assurances de dévouement que vous me prodiguez; ils ne me surprennent point, car vous savez apprécier l'affection que j'ai pour vous...

« Mais vous vous êtes ruinés en m'apportant de si nombreux cadeaux et je ne puis vraiment pas tout accepter; je veux bien garder les objets anciens à titre de souvenir, mais je vous engage à conserver les vivres et les provisions qui peuvent d'ailleurs vous être nécessaires pendant votre séjour ici. C'est par la même raison que je vous restitue aussi votre argent dont vous pouvez avoir besoin, reprenez-le, il a déjà fructifié en passant dans mes mains. »

« *Ia ora na outou!* » (Je vous salue tous.)

En rendant les espèces, celui qui a reçu la visite a eu soin — cela se comprend — d'ajouter quelque argent au dépôt — si provisoire — que ses mains avaient touché.

La générosité vis-à-vis des visiteurs est presque d'absolue nécessité, alors même qu'on n'a rien gardé de leurs offrandes; agir autrement serait s'exposer à des appréciations peu flatteuses, à être traité de ladre et de taparu (mendiant), en un mot à être lavé et l'on sait que la chose serait faite promptement, sans difficulté.

Aux visites et parau (discours) succèdent les visites et les parau jusqu'à ce que la série, épuisée vers midi, on puisse déjeuner en paix.

A trois heures, la voix grave d'un canon de la batterie du mont Faïéré annonçait aux impatients l'ouverture de la fête nationale.

La foule qui connaît le programme des réjouissances se rue vers les quais pour assister au concours des pirogues doubles, qui sont gracieusement décorées et montées par des rameurs portant l'antique costume de leur district.

Une estrade ornée de verdure, improvisée par les soins de la municipalité, abrite contre l'ardeur des rayons solaires un essaim de dames et de jeunes filles en toilettes printanières.

Sous le ciel lumineux, fendant comme de légers oiseaux les eaux calmes du port, les pirogues viennent à tour de rôle aborder le quai et subir l'inspection des membres du Comité.

Voilà le pahi (pirogue) de Papenoo. Ces grandes auges assemblées ont été creusées dans des arbres de plus de 3o mètres de long et transportées à bras du fond des gorges où coule la rivière. Qui pourra jamais savoir ce que leur construction et leur transport ont absorbé de temps, coûté de travail, de peines et de soins ? La décoration en est élégante, artistique ; une grande tapa en écorce de ora (ficus prolixa), aux dessins variés, harmonieux, voyants surtout, montée sur de multiples supports, forme une tente le long de laquelle courent en festons des étoffes ajourées et frangées, mousselines et dentelles végétales tressées par des mains exercées autant qu'habiles à ce genre de travail. Tous ces ornements descendent du plafond de la tente jusqu'au bord des esquifs, formant un rideau percé de grandes ouvertures pour faciliter les mouvements des matelots si la manœuvre est commandée. Ceux-ci sont costumés : les hommes d'un pantalon blanc, d'un mantelet en écorce à fond jaune d'où se détachent des dessins uniformes ; ce léger manteau est surmonté d'un collet aux franges d'un beau rouge, et qui par deux fentes convenablement ménagées à droite et à gauche, laisse passer les bras, assurant ainsi l'entière liberté de leurs mouvements.

Sur la tête une couronne de fougères et de fleurs assorties avec un goût parfait, dans laquelle est piqué le blanc panache de réva-réva dont les légers et floconneux filaments frissonnent sous la caresse de la brise.

Non moins pittoresque est le costume des vahinés ; toutes portent une ample tunique blanche flottant autour de leur corps souple, dont on devine aisément les merveilleux contours ; pour toute garniture, une simple collerette en fibres végétales, de couleur rose tendre, piquée de fleurs artificielles aux vifs éclats. Sur la tête un mignon canotier de fabrication locale entouré, en guise de ruban, d'une couronne de fleurs ou de petits coquillages nacrés aux nuances irisées.

Hommes et femmes pieds nus, au nombre de quarante, la main sur la pagaie (rame), n'attendent qu'un mot pour manœuvrer. Mais la commission ménage les forces des matelots pour le jour des régates et se contente de prodiguer à ces marins des félicitations et des compliments, pour l'empressement qu'ils ont mis à apporter leur concours à la fête nationale et le goût avec lequel ils ont décoré leur pahi; puis, aux applaudissements de l'assistance, la liberté est rendue aux gens de Papenoo.

De toutes les autres pirogues, celle de Papara — le district de l'ex-reine Marau — attire l'attention générale. A l'avant et à l'arrière sont des plates-formes sur lesquelles debout, équipés et armés comme à l'époque des luttes entre les flottes de l'île, se tiennent des guerriers, tatoués, prêts à combattre, tenant en mains des liens pour l'amarrage du bateau ennemi.

La pirogue de Paéa est remarquable par l'animal fantastique qui pare son avant. C'est un oiseau étrange, informe, dont les grandes ailes s'agitant sans cesse excitent la curiosité du public désireux de connaître quelle divinité symbolise cet habitant des airs.

Voici le pahi du district de Mataéïa dont la proue porte à hauteur du bord un énorme éperon ; c'est une monstrueuse tête d'anguille dont les machoires, discrètement manœuvrées, s'ouvrent et se ferment de façon menaçante, sans cependant troubler la quiétude des spectateurs, car l'anguille est en paille, — chacun sait ça.

Cet emblème a sa légende : Les naturels de Mataéïa affirment, sans sourciller, qu'ils descendent en ligne directe des anguilles, qu'ils ont d'ailleurs en grande vénération. La légende veut que leurs ancêtres soient issus de l'union d'une vahiné et d'une anguille — un mâle assurément — habitant le lac Vaïria qui se trouve sur un plateau de leurs montagnes, à 400 mètres environ d'altitude. La croyance, en tout cas, ne manque pas d'originalité, n'est point du tout banale.

Les rougeurs du couchant coloraient tendrement les pics de Moréa, les cornes du Diadème, quand les acclamations du peuple saluèrent la fin des opérations de la Commission ; avec non moins d'enthousiasme, les gens des pirogues répondirent par des vivats, puis soulevant leurs rames en cadence, aux accents d'un antique himéné, s'éloignèrent en agitant le drapeau de la France.

La réunion préparatoire des chants et une retraite aux flambeaux clôturèrent cette première série des réjouissances publiques.

14 juillet. — Ce nouvel anniversaire de notre immortelle Révolution est annoncé dès six heures du matin par des salves d'artillerie de terre, et de l'aviso *Aube* de la station locale.

Vers neuf heures, le chef de la colonie, entouré des membres du conseil privé, reçoit la visite des officiers et fonctionnaires qui se rendent en corps à son hôtel, ainsi que les consuls étrangers, les membres des corps élus, des chambres d'Agriculture, de Commerce, etc. Détail caractéristique : plusieurs personnalités faisant partie simultanément de diverses assemblées, ou occupant de hautes situations, ne quittaient le salon de réception que pour se présenter à nouveau devant le gouverneur, faisant ainsi une navette dont ils ne se dissimulaient point le côté comique ; ils ne sont pas rares, à Papeete, ceux que le protocole, parfois facétieux, condamne à ce petit jeu de coulisse. Qu'il me soit permis de citer, bien discrètement, quelques exemples de ce cumul de fonctions, de ce monopole de charges. M. A... est à la fois maire du chef-lieu, président du conseil général, membre de la chambre d'Agriculture et des comités de la Caisse agricole, de surveillance de l'Instruction publique, de surveillance de la prison, de la salubrité publique, etc.

M. B... est président de la Chambre de commerce, vice-pré-

Tahitiens costumés aux fêtes du 14 juillet 1895.

sident de l'Assemblée coloniale, membre du conseil municipal, du
Comité de l'exposition et de plusieurs autres.

M. C..., lui, n'est que président de la chambre d'Agriculture,
conseiller général et municipal, et membre de tous les comités,
sans cesser d'être docteur en médecine.

M. D..., par hasard, n'est que défenseur près des tribunaux,
consul d'une puissance étrangère, président du comité de la
Caisse agricole, membre du conseil général et de la municipalité, etc.

L'on pourrait ainsi, l'annuaire de la colonie en mains, poursuivre l'énumération, multiplier les cas de ce genre, démontrant
que les fonctions publiques de quelque importance sont détenues
par les notabilités peu nombreuses de la ville.

Ces attributs de la popularité, consacrant l'arrivée au pouvoir,
l'action effective dans les affaires, sont généralement les causes
des rivalités dont j'ai parlé plus haut et qui divisent de façon si
regrettable la population française de Tahiti.

La réception au Gouvernement est suivie d'un déjeuner de
cinquante couverts, dans l'ancienne salle de billard.

Il est midi précis lorsque les convives quittent les salons derrière le gouverneur précédé lui-même par Mme Papinaud qui
donne deux doigts de sa mignonne main à Mgr Verdier, évêque
de Mégare, vicaire apostolique de Tahiti et dépendances.

La chronique rapporte que le prélat ne s'était rendu à l'invitation officielle, qu'à la condition expresse d'occuper à table
la place d'honneur (la droite de la gouvernante), contrairement
aux règles qui l'attribuent à un chef d'Administration ; cela se fit
sans bruit, c'était entendu au préalable. Plus avisé, en la circonstance, le président du consistoire qui, lui aussi, a rang d'évêque,
occupa la place qui lui fut assignée ?

Ce détail, que j'aurais pu laisser dans l'ombre, ajoute un trait
de plus au tableau déjà chargé que j'ai tracé des difficultés des
relations à Papeete. Que penser du vulgaire, des parvenus, quand
la vanité domine à ce point l'âme de ceux qui ont reçu de Dieu
une mission d'humilité, de concorde et de paix ?

Tous les dîners officiels se ressemblent par bien des côtés, et
celui-ci ne différa pas des autres. Il ne manqua cependant ni

d'entrain, ni de cordialité ; le champagne n'y fit point défaut ; les petits discours non plus.

A une courte allocution du gouverneur, répondit aussi brièvement Mgr Verdier ; beaucoup plus de temps prirent les paraus des chefs des districts rompus, en tahitien, à la période oratoire.

En quittant la table pour regagner les salons, deux autorités indigènes, un peu gênées par les bottines, dont elles n'avaient point une longue habitude, ayant oublié aussi pendant le repas les relations intimes qui unissent l'équilibre à la tempérance, s'allongèrent successivement sur le parquet, non sans exciter l'hilarité générale, difficile à contenir en pareille circonstance.

Après les adieux qui suivirent ces agapes, on se rendit sur la place de la Musique et sur les quais assister aux courses en sac, aux jeux de la corde, des mâts de beaupré, à la marche sur l'eau, etc., tandis que la fanfare locale animait de ses accords vibrants ces exercices de prédilection de la jeunesse du pays.

A sept heures, les illuminations et des essais d'éclairage électrique inondèrent la ville d'une vive clarté. Toute la nuit la musique et les grosses caisses ne cessèrent d'animer d'infernales upa-upa, préludes habituels de toutes les orgies.

15 juillet. — Dès huit heures du matin, devant le kiosque de la place du Gouvernement, où se tient la Commission instituée à cet effet, viennent s'arrêter pour le concours des himénés et des costumes les groupes des différents districts, habillés de tahitien, à l'antique. Chaque section arrive tambour battant, bannière déployée, et salue les membres du jury du traditionnel « Ia ora na Tomité ». Le chef d'orchestre dispose autour de lui, en rangées concentriques, les exécutants — hommes et femmes — qui se tiennent par terre ou à croupetons, rarement debout. Au signal donné, on entonne le « himéné ». Des sons bizarres, sauvages, qui détonnent à l'oreille de l'étranger surpris, s'élèvent et passant par toutes les nuances de la gamme, forment un accord d'une irréprochable précision pour l'ouïe la plus exercée. D'indéfinissables sons gutturaux, vrais cris d'animaux, poussés par des hommes des divers rangs du chœur, pour aller *crescendo*, s'allient, on ne sait comment, à l'ensemble du himéné.

Le chœur est généralement formé de deux ou trois groupes rangés en cercle, qui répètent alternativement le même motif. Si quelque note discordante vient à se faire entendre, des voix en réserve réparent la maladresse, et l'accompagnement se poursuit sans compromettre la gravité du chant.

L'épreuve terminée, les applaudissements éclatent, saluant les gens de Teahupoo, qui viennent de prouver que les vertus guerrières n'excluent pas chez eux le goût de l'harmonie.

Les costumes des habitants de la presqu'île de Taïrabou décèlent un grand effort d'imagination de leur part. Leur représentant suprême est vêtu d'un habit à la française et coiffé d'un bicorne, le tout confectionné avec diverses écorces peintes et fleuries, à ce point qu'on ne sait plus comment aborder cet arii (chef), qui lui-même paraît quelque peu « empaillé ». Ses administrés sont plus à l'aise ; leur coiffure est particulièrement originale et a dû nécessiter le massacre de toutes les volailles de la région, dont les dépouilles soigneusement séchées et préparées, enrichies, relevées par des fleurs, nimbent le front des naturels de Teahupoo, qu'on ne désigne plus que sous le nom de Coquericos.

Le himéné de Mataeïa, dont les représentants sont parés de diadèmes de verdure et d'immenses panaches de réva-réva, est reconnaissable à la blanche marguerite piquée à hauteur du sein gauche. Ce groupe est frénétiquement salué et se retire heureux de l'ovation qui lui est faite.

Le conseiller général Tamataï, qui dirige avec un art consommé le himéné de Pirae, recueille un juste tribut de félicitations.

Le raffinement apporté par les groupes dans la confection et l'assortiment des costumes, la parfaite exécution des chœurs mettra certainement dans l'embarras les membres de la Commission chargée de distribuer les récompenses.

La journée se termine par les régates qui furent, à Papeete, ce qu'elles sont partout. Je me dispenserai donc d'en parler. Avec la nuit, les tambours, les accordéons, tout ce qui fait du bruit, rappela aux fervents de la upa-upa que des ombres propices, comme un manteau discret, allaient abriter leurs plaisirs.

16 juillet. — Avant huit heures du matin, la fanfare municipale s'installe dans le kiosque de la place du Gouvernement, jetant aux échos d'alentour ses plus touchants accords, alors que la

Commission s'apprête à distribuer aux lauréats les récompenses des concours.

Mais que l'heure soit par trop matinale, ou que la fatigue de trois jours de fête nécessite un supplément de repos, la place n'a point encore repris son animation habituelle. Toutefois, la physionomie de l'endroit ne tarde pas à changer, lorsqu'avec des costumes appropriés pour les danses indigènes, les groupes de la veille, s'annonçant à coups de tam-tam, arrivent enfin sur les lieux.

Ces upa-upa ou danses sont exécutées par un chœur d'himéné, comme dans nos ballets, mais avec accompagnement de tambours et autres instruments originaires de la Polynésie ; elles sont l'âme de tous les plaisirs.

Les acteurs représentent devant le public, où l'on remarque, il faut le dire, peu de femmes européennes, des scènes d'un réalisme parfois grossier, bestial.

Les plus grotesques contorsions, et les plus [indécentes aussi de la danse du ventre, toutes les phases des plaisirs sensuels sont simulées en gestes non équivoques et sans que la présence des étrangers et des autorités inspire le moindre sentiment de retenue.

Chaque district vient donner un spécimen de la upa-upa qui lui est propre ; les ondulations des corps, les attitudes lascives, provocantes, font passer dans les moelles tahitiennes les frissons avant-coureurs d'une jouissance défendue en ce lieu.

Des 3 000 poitrines qui assistent à ces exercices chorégraphiques sortent des cris délirants, au moment où la vahiné, dans un dernier mouvement, paraît en proie au spasme de la suprême jouissance.

Les Maoris ne trouvent rien de malséant à ces représentations que réprouvent nos conventions sociales.

L'après-midi fut consacré aux courses de chevaux et de vélocipèdes à l'hippodrome de Fataua où s'était transporté tout ce que Papeete a de select, et le reste.

La fête vénitienne, vraiment féerique, clôtura, comme il convenait, les réjouissances organisées à l'occasion du 14 juillet 1895.

17 et 18 juillet. — C'est le moment des adieux. Les 2 500 indigènes de tout âge et de tout sexe, venus à Papeete, courent la ville distribuant à leurs amis et connaissances les costumes anciens, les couronnes, les objets qui ne leur sont plus d'une utilité immédiate, témoignant ainsi leur gratitude pour les marques de sympathie qu'ils ont reçues. Après l'accomplissement de cette formalité considérée comme un devoir, les visiteurs se décident à revenir chez eux en gagnant par terre ou par voie d'eau leurs districts respectifs.

Il est vraiment temps que ce départ s'effectue, car la présence de ce surcroît d'habitants devient un danger pour l'hygiène publique.

Papeete ne possède, en effet, ni égouts, ni service de vidanges.

La ville étant établie sur des alluvions ou des remblais dont le niveau n'excède guère celui de la mer, il est difficile d'éloigner les matières organiques qui seraient refoulées vers leur origine, si l'on s'avisait d'établir un réseau de conduits, en maçonnerie ou en métal.

Les chalets font entièrement défaut au public, et les installations de ce genre à l'usage des particuliers sont ordinairement posées au-dessus d'excavations ou de fosses que l'on comble, quand le besoin s'en fait sentir.

Le sous-sol de la ville est plein de ces dépôts et il est vraiment surprenant qu'un tel état de choses n'entraîne point de graves conséquences et ne compromette la salubrité de la colonie, surtout au moment des fortes chaleurs.

Contraints d'obéir en plein vent aux immuables exigences de la nature, les indigènes qui avaient apporté leur précieux concours aux fêtes nous laissèrent une atmosphère infectée, inhabitable.

Les balayages, les nettoyages de toute sorte restèrent sans grande efficacité sur les odeurs que les vents du nord, suivis de pluies abondantes vraiment providentielles, parvinrent enfin à dissiper.

L'on pourrait remédier, je crois, à une situation si fâcheuse et non sans dangers, par la pose de conduits métalliques convergeant vers un collecteur maintenu sensiblement au niveau de la mer par une estacade qui le conduirait loin des quais, permettant ainsi le déversement en eaux profondes.

Et à propos de l'hygiène de Papeete, un mot sur son alimentation en eau potable et sur son système d'éclairage si défectueux.

La rivière de Fataua, celle de Tiperuï, le ruisseau de la Reine, les sources de Mamao, toutes celles qui viennent sourdre dans la plaine de Patotoua, se trouvent dans le périmètre de la cité ; elles permettraient, si elles étaient utilisées, non seulement d'alimenter la population, mais encore d'arroser les rues, d'entretenir les plantations et d'apporter d'inappréciables bienfaits dans le régime de l'hygiène. Or, à l'heure actuelle et pour près de 5 000 âmes, on ne compte que trois conduites d'eau, insuffisantes pour les besoins journaliers.

Les sources peu abondantes du Mamao, partant d'un réservoir situé en contre-bas du sol, desservent les quartiers de Mamao, de Fare-Ute, de Patotoua, qui, à la saison sèche, sont obligés de se pourvoir ailleurs, et parfois aux sources non captées qui se perdent dans les plantations.

Quant aux conduites de Sainte-Amélie et du Faïere, elles sont partagées entre la population et les troupes, mais le réseau de Sainte-Amélie appartenant à l'artillerie, les canonniers se font, assure-t-on, la part du lion, ne cédant à la ville que l'excédent de leur subsistance.

Sur le ruisseau de la Reine fonctionnaient des appareils élévatoires — deux béliers hydrauliques, — qu'on a eu, pour je ne sais quelles raisons, la mauvaise idée de vendre au profit du Domaine ; une borne-fontaine, installée au coin du Trésor, fournit seule de l'eau de boisson provenant du ruisseau en question. Ce cours d'eau situé en plein centre de la ville ne profite plus de façon appréciable à son alimentation ; c'est l'endroit préféré où les indigènes prennent leur bain, celui où se font aussi toutes les lessives.

Le besoin d'eau se faisant sentir d'année en année plus impérieusement à cause de l'accroissement de la population, divers projets ont été mis à l'étude pour obvier à cet inconvénient. En effet, le service de l'artillerie a communiqué aux particuliers la circulaire dont le texte est reproduit ci-dessous :

Établissements français de l'Océanie.

ARTILLERIE

D'accord avec la Municipalité, le service de l'Artillerie étudie actuellement un avant-projet de distribution d'énergie électrique destiné à donner l'éclairage et la force motrice à la ville de Papeete.

Afin de fournir à ce service des bases précises en vue de l'établissement de ce projet, vous êtes prié de vouloir bien faire connaître si vous seriez disposé à éclairer électriquement les bâtiments que vous occupez.

Dans le cas de l'affirmative, vous êtes prié de bien vouloir fournir la réponse aux questions suivantes ;

a) Nombre de bougies électriques à fournir sur les bases suivantes :

Éclairage de locaux intérieurs, 1 bougie 50 par mètre carré ;
Éclairage de vérandas, couloirs, etc., 0 bougie 75 par mètre carré ;
Éclairage de cours, 0 bougie 4 par mètre carré.

b) Heures d'allumage de ces lampes par journée ? (*Indiquer le nombre d'heures d'allumage.*)

c) Nombre de jours probable d'allumage par an ?

Papeete, le 1ᵉʳ janvier 1898

Le Chef du Service de l'Artillerie,

P. BOURGOIN.

RENSEIGNEMENTS A TITRE D'INDICATION

Les lampes employées seront de 8, 10 et 16 bougies.

Le prix de revient de l'éclairage fourni par une lampe de 10 bougies, fonctionnant 10 heures, sera d'environ 0 fr. 28.

Le prix d'installation pour environ 20 lampes sera approximativement de 50 francs par lampe.

Le projet en question utiliserait les eaux de la grande chute de Fataua (300 mètres environ). L'énergie électrique accumulée sur ce point serait distribuée pour l'éclairage de la ville et l'élévation des eaux du ruisseau de la Reine.

Mais les ressources trop limitées de la ville ne lui permettront pas — il y a lieu de le craindre — la réalisation d'une conception qui défie la critique, mais est subordonnée à des questions budgétaires. Des ouvertures ont été faites à une maison de Paris, dont la réponse ne m'est pas connue.

En 1870-71, une conduite à ciel ouvert avait été construite, qui amenait à Papeete les eaux de Fataua ; un petit réservoir situé sur le mamelon de la Mission et un fossé à demi comblé sont les derniers vestiges de ce travail qu'on pourrait reprendre à peu de frais.

Quoi qu'il en soit, rien ne paraît plus incompréhensible que de voir Papeete manquer d'eau, alors que les rivières coulent dans son voisinage, que les sources abondent jusque dans son sein.

L'éclairage de la ville est des plus primitifs, mais il est surtout insuffisant, ce qui donne, au premier inconvénient, un véritable caractère de gravité par les temps de pluies et de bourrasques, par les nuits sans lune ou brumeuses.

En 1894, deux industriels prirent vis-à-vis de l'édilité tahitienne l'engagement de substituer l'électricité au pétrole pour l'éclairage des rues et places. Le contrat signé, les entrepreneurs pleins d'ardeur partirent pour la France afin d'acquérir le matériel et... l'expérience qui leur faisait totalement défaut.

On applaudit beaucoup à cette initiative de deux Français qui revinrent quelques mois plus tard, en mars 1895.

Toutes les installations ayant été faites, les expériences furent tentées, mais, hélas ! elles ne servirent qu'à démontrer l'imprévoyance des deux associés qui déployèrent plus de bonne volonté que de science ou de savoir.

L'eau manqua pour actionner la turbine et développer l'énergie électrique devant alimenter les lampes ; au bout de peu de mois d'un éclairage défectueux, des difficultés financières survinrent et l'on dut renoncer à l'électricité pour revenir... au pétrole.

L'un des propriétaires de l'usine étant décédé en mars 1896, son associé, désespérant de mener son œuvre à bon terme, résilia son marché après avoir englouti dans cette malheureuse tentative le plus clair de son avoir.

Toujours à l'affût, toujours prompts à mettre à profit nos discordes, à tirer parti de nos infortunes, des étrangers incités par leurs correspondants locaux déléguèrent un ingénieur-électricien pour essayer de reprendre l'affaire en traitant avec la municipalité. Celle-ci montra dans la circonstance autant de prévoyance que de patriotisme, en confiant — comme on l'a vu par la circulaire du 1er janvier 1898 — à la direction de l'artillerie le soin de dresser le projet d'éclairage de la ville.

VI

Papeete est à la fois le chef-lieu et l'unique centre de population de quelque importance de nos établissements de l'Océanie; c'est le point où convergent toutes les forces de la colonie; c'est en un mot le centre de gravité de l'immense quadrilatère de nos possessions. Quelques données statistiques sur son mouvement commercial semblent donc devoir trouver ici leur place.

L'on sait déjà que Tahiti reçoit mensuellement deux courriers portant les correspondances de la Métropole; l'un arrive de San-Francisco par un voilier — une goélette, — l'autre vient d'Auckland par un vapeur de l'Union Steam Schip C°.

Les subventions allouées annuellement pour ces deux services sont respectivement de 65 000 et de 12 000 francs, soit au total 77 000 francs que la colonie est obligée d'ordonnancer au profit de nos concurrents américains et anglais, les plus redoutables adversaires de notre influence dans le Pacifique.

En dehors des marchandises apportées par ces deux navires, de nombreux bâtiments à voile venant de la Nouvelle-Zélande, de l'Amérique et même de l'Allemagne, jettent sur la place de Papeete les produits alimentaires et manufacturés que l'abondance et le bon marché de leur main-d'œuvre leur permettent de livrer à des prix rémunérateurs et moins élevés que ceux des produits similaires d'origine française.

Ces derniers ne parviennent d'ailleurs que deux ou trois fois par an dans la colonie par des voiliers de la maison Tandonnet de Bordeaux.

Il serait enfantin de penser que, dans ces conditions, les exportations puissent se faire à notre avantage ; toutes les productions du pays s'en vont à l'étranger pour rentrer par cette voie quelquefois en France — cela arrive pour les nacres, — avec un prix de revient majoré par des frais de transport et une foule de droits de natures diverses. Les mouvements du port provenant des statistiques officielles de l'année 1896 donneront à la situation plus de précision et de clarté que ne pourraient le faire des explications plus détaillées.

Des documents officiels il résulte, en effet, que, pour une importation de 317 173 francs de marchandises provenant de deux bateaux de Bordeaux, Papeete a reçu pour 2 531 783 francs de produits étrangers introduits par 44 navires de diverses nationalités et 4 goélettes françaises en location.

Si l'on examine maintenant le mouvement d'exportation pour la même année 1896, on constate qu'il a été expédié : 1° par deux navires français à destination de la Métropole pour 240 971 francs de denrées indigènes, qui ont été débarquées en Angleterre ;

2° Pour les archipels voisins étrangers, par 3 bâtiments battant pavillon tricolore, mais en location, 42 658 francs de marchandises.

L'exportation, sans intermédiaires, à l'étranger atteint de son côté le chiffre de 2 945 990 francs, et est assurée par 49 bâtiments de toute nature et de toute provenance.

La faiblesse de notre mouvement commercial trouve sa cause non seulement dans la question de main-d'œuvre, mais encore, et surtout, dans l'immense espace qui sépare la colonie de la mère-patrie. Placée à proximité de la Nouvelle-Zélande et de l'Amérique, Tahiti est forcément leur tributaire ; cela permet aux étrangers d'exploiter à notre détriment le champ si vaste, si fertile de notre lointaine possession.

Le mouvement de la navigation entre Papeete et les archipels qui en dépendent suffit à déceler cependant la grande vitalité commerciale de ce pays.

Les 229 navires provenant des dépendances ont en effet débarqué, en 1896, à Papeete, des chargements dont la valeur s'élève à 2 234 958 francs.

D'autre part, 251 bâtiments partis du chef-lieu à destination de nos archipels y ont transporté pour 1 994.943 francs de denrées, ce qui fait au total un mouvement commercial de 4 229 901 francs.

Les produits d'exportation des établissements français de l'Océanie comprennent en première ligne : les nacres, le coprah, la vanille, les oranges et le coton en laine ; leur valeur annuelle atteint près de 3 millions de francs.

En second lieu, il faudra compter pour 270 000 francs environ de noix de cocos en coques, les graines de coton, le jus de citron, le rhum, les ananas, etc., tout ce qui est susceptible d'être jeté sur le marché, les Tahitiens ne gardant pour leur alimentation que les fruits de l'arbre à pain, les feïs, les taros et autres féculents ou farineux.

Les industries manufacturières sont rares dans la colonie. Par l'énumération qui précède des produits locaux, il est facile de se rendre compte de la nature des importations qui représentent une valeur de 3 millions de francs.

Les marchandises importées sont principalement : les farines, le riz, le biscuit de mer, l'orge, les vins et bières, les sucres et boissons alcoolisées, les liqueurs, beaucoup de bétail sur pied, quelques chevaux, les viandes salées, les conserves, les beurres, les saindoux, le lait concentré ; le charbon de terre, les schistes, les huiles, les savons, les produits pharmaceutiques, les bois bruts et ouvrés, les fers et fontes, la ferblanterie pour les usages mécaniques et autres ; enfin les tissus, broderies, vêtements et chaussures, les machines à coudre, les voitures et les bicyclettes ; l'opium pour l'affreuse clientèle jaune nombreuse au chef-lieu, pour finir par la monnaie d'argent introduite sous la forme de piastres chiliennes.

Le tonnage des marchandises se répartit de la manière suivante :

	IMPORTATIONS.	EXPORTATIONS.
États-Unis.	8 720 tonnes	4 871 tonnes
Nouvelle-Zélande.	1 840 tonnes	4 281 tonnes
Allemagne et autres pays. .	2 067 tonnes	1 832 tonnes 420 tonnes
France.	683 tonnes	8 tonnes
Totaux. . . .	13 310 tonnes	11 412 tonnes

Papeete et sa rade.

La colonne des exportations, mentionnant seulement huit tonnes de marchandises pour la France, témoigne bien, comme je l'ai fait remarquer, que les produits embarqués à Papeete sur les voiliers de la maison Tandonnet de Bordeaux ont été laissés en Angleterre.

Ces constatations seraient faites pour inspirer tout autre sentiment que celui de la confiance en l'avenir de nos relations avec Tahiti, si je ne voyais que depuis 1896, grâce aux soins pris dans ce but par le gouverneur actuel, M. Gallet, le mouvement commercial entre le France et Tahiti s'est considérablement amélioré. Les statistiques relatent en effet que, pour l'année 1897, les exportations de Tahiti, nulles jusqu'alors, ont atteint le chiffre élevé de 179 559 francs, pendant que les importations métropolitaines subissaient aussi un mouvement ascendant se chiffrant par 592 506 francs au lieu de 317 173 francs de l'année 1896.

Une autre et puissante raison de croire en l'avenir, je la trouve, à l'heure même où je rédige ces lignes, dans la mesure depuis bien longtemps attendue et de nature à changer les destinées de la colonie ; je veux parler du décret du 4 octobre 1898, relatif aux points d'appui de la flotte dans nos possessions d'outre-mer, et qui désigne Port-Phaéton à Tahiti comme station maritime.

Cet acte d'une haute portée contribuera puissamment au développement de notre influence, à la restauration de notre prestige.

Le jour, prochain je l'espère, où une ligne de paquebots français reliera directement nos deux perles océaniennes, Tahiti à la Nouvelle-Calédonie, le commerce étranger aura vécu dans nos Établissements d'Océanie.

Il n'est point là-bas une âme vraiment patriote qui ne souhaite ardemment la réalisation de ce projet à très brève échéance.

L'expérience acquise pendant de nombreux séjours dans les îles du Pacifique, comme les documents officiels et statistiques que j'ai sous les yeux, m'autorisent à prédire, qu'à l'exemple de la Nouvelle-Calédonie qui, pour l'année 1897, a échangé avec la France pour 11 993 728 francs de produits, contre 10 416 844 francs de marchandises, un revirement très prompt, favorable à notre commerce, se manifestera et ira s'accentuant d'année en année, dès l'arrivée du premier vapeur national reliant, par Nouméa, Tahiti à la Métropole.

Mieux que tous les généreux efforts tentés par les assemblées et la chambre de Commerce de Papeete, l'installation de notre ligne de navigation, de notre service de courriers, refoulera vers leurs pays d'origine et les produits de l'extérieur et les Chinois dont l'âpre esprit de négoce menace si sérieusement l'avenir de nos intérêts commerciaux.

Introduits à Tahiti, pendant la guerre de la Sécession, par une société d'exploitation pour la culture du coton, les Chinois ne tardèrent pas à recouvrer leur liberté, car la compagnie d'Atimaono cessa de fonctionner dès la fin des hostilités. Plusieurs de ces immigrants s'établirent dans les districts où ils font encore un peu de culture; mais la plupart s'installèrent au chef-lieu et de leur groupement naquit, pour les négociants blancs, la redoutable concurrence jaune qui envahit lentement, mais sûrement, toutes les voies commerciales susceptibles d'offrir quelque rémunération à l'opiniâtreté, à l'obstination de ces enfants du Céleste-Empire.

Comme la chambre de Commerce, celle d'Agriculture a fait les plus louables tentatives pour inspirer aux naturels, comme aux autres habitants de la colonie, l'amour de la terre; le Jardin botanique de Mamao témoigne de cette sollicitude.

Mais faute de main-d'œuvre, ou plutôt, grâce à l'incurie, à l'apathie des indigènes, les champs, pour ne pas rester complètement incultes, sont en grande partie délaissés. L'on a vu que le sol généreux de ces contrées donne en abondance et sans peine à ses habitants les produits nécessaires à leur nourriture, tout au moins le pain quotidien; les maïorés, les feïs, les cocotiers sont si près de la demeure, qu'ils ombragent souvent, si à proximité dans la vallée ou la montagne, que les mains n'ont qu'à se tendre pour les cueillir. Grâce aux bienfaits de la Providence qui l'a placé dans un Éden, le Tahitien n'éprouve que fort peu de besoins, et son tempérament se plie difficilement aux multiples exigences du travail de la terre.

Les poules et les porcs sont aisément élevés avec les détritus de toute sorte que l'indigène possède, et ce n'est point une occupation, mais une distraction, un plaisir véritable pour le Tahitien que la partie de pêche, journalière ou nocturne avec des flambeaux faits de branches de cocotiers.

Le Maori aime par-dessus tout le labeur facile et promptement rémunérateur ; ce qui le caractérise surtout, c'est l'instabilité dans les idées et la volonté même pour ce qui doit lui assurer l'aisance, l'indépendance.

C'est pour cela que la culture de la vanille, objet de ses soins les plus assidus depuis 1895, a passé jadis par tant de phases diverses, qu'aujourd'hui, malgré des résultats indéniables, la préparation de l'orchidée ou mieux de son fruit laisse à désirer, car on en expose les gousses au soleil et à la pluie au lieu d'observer les précautions d'usage pour obtenir un bon produit, pouvant atteindre un prix double de celui auquel il est vendu aux commerçants du chef-lieu qui réalisent ainsi des bénéfices considérables.

Si l'on s'avise de vouloir donner un avis ou un conseil au producteur si peu soucieux de son bien, l'on obtient souvent pour toute réponse un caractéristique « no a tou » (Je m'en fiche).

L'administration, soucieuse pourtant de soustraire les cultivateurs à la ladrerie des Chinois et autres acheteurs peu scrupuleux, a pris une excellente détermination, en faisant savoir que l'unique établissement de crédit du pays, la Caisse agricole, qui appartient à la colonie, achèterait à un taux rémunérateur la vanille qu'on lui apporterait. Cette honnête mesure a déjoué de louches combinaisons et produit un effet salutaire sur les planteurs, qui sont ainsi préalablement fixés sur la valeur réelle de leurs denrées.

Le Tahitien ne travaille pas sur les chantiers de travaux publics, à moins de 4 francs par jour, salaire trop élevé pour un manœuvre, si l'on tient compte du faible rendement de cette main-d'œuvre. Les particuliers, désireux de mettre leurs terres en valeur par la culture de la vanille, de la canne à sucre ou autre production rémunératrice, ne sauraient consentir le salaire quotidien de 4 francs à leurs ouvriers et préfèrent laisser leurs immeubles en friche.

S'inspirant des difficultés inhérentes à toute entreprise sérieuse, et d'accord en cela avec l'Administration, la chambre d'Agriculture a provoqué l'introduction dans la colonie de travailleurs asiatiques rompus aux travaux agricoles.

L'avis ci-après fait connaître les conditions d'engagement de ces immigrants :

IMMIGRATION

La Chambre d'Agriculture s'étant occupée récemment de la question de l'introduction à Tahiti d'immigrants tonkinois ou javanais, l'Administration prie les personnes qui désireraient prendre à leur service des travailleurs de cette origine d'en indiquer le nombre au 1ᵉʳ Bureau de la Direction de l'Intérieur avant le 1ᵉʳ janvier 1898.

La dépense par immigrant, pour des engagements de 3 à 5 ans, se répartit comme suit :

Frais d'introduction...............	400 ou 500 fr.
Salaire annuel...................	300 fr.
Nourriture et habillement........	480 fr.

plus les soins médicaux et le logement.

Cette mesure a reçu un commencement d'exécution au cours de l'année 1898, mais j'ignore les résultats qu'on a pu en obtenir.

Il est toutefois indiscutable que les 25 000 hectares de terres cultivables qui forment la large zone alluvionnaire comprise entre le bord de la mer et le pied des montagnes tahitiennes, ne pourront être réellement mises en rapport, si l'on ne se décide à prendre les mesures nécessaires pour y attirer, non seulement les bras nécessaires au développement de l'agriculture, mais aussi ceux qui sont indispensables à l'exécution des travaux publics d'une urgence notoire, et à l'entretien des voies carrossables déjà existantes.

S'il est exact que lors de l'arrivée des premiers navigateurs la population fut non — comme on l'a affirmé — 20 fois, mais seulement 10 fois plus nombreuse qu'elle ne l'est actuellement (il y a 10 000 âmes à Tahiti), il est à présumer que la générosité du sol, si elle était stimulée par un travail intelligent, permettrait aisément de vivre à une population de plus de 100 000 habitants.

VII

Dans son *Mariage*, Loti conseille à ceux qui veulent comprendre le charme du pays (Tahiti) de quitter le chef-lieu, d'aller:

« loin de Papeete, là où la civilisation n'est pas venue, là où se trouvent, sous les minces cocotiers, — au bord des plages de corail, — devant l'immense océan désert, — les districts tahitiens, les villages aux toits de pandanus ».

Bien que depuis le *Mariage de Loti*, des événements considérables aient modifié — sans toutefois le rendre nullement méconnaissable — l'aspect des villages et des coutumes aborigènes, on s'aperçoit aisément combien le poète avait raison de chercher ailleurs qu'à la ville le charme fascinant de ces contrées.

Aussi, pendant mon séjour de 38 mois à Tahiti, ai-je suivi ce sage avis, en allant loin du chef-lieu, en pleine brousse, au milieu des indigènes, trouver le repos du corps et de l'esprit, toutes les fois que cela m'a été loisible,

Comme chef du service des travaux publics, j'ai fait maintes et maintes fois le tour de Tahiti pour assurer l'entretien et l'amélioration de sa route dite de ceinture, pour la restauration et l'édification des immeubles appartenant à la colonie.

Par deux fois, en qualité de membre du comité de surveillance de l'instruction publique, j'ai été désigné pour l'inspection des écoles des divers districts. Au cours d'un long intérim comme substitut du procureur de la République, chef du service judiciaire, j'ai tenu de nombreuses audiences de paix à Taravao et à Mooréa, ayant eu ainsi mille occasions de connaître à fond les îles et leurs habitants.

Si donc les pages qui précèdent n'ont pas trop fatigué le bienveillant lecteur, si les couleurs d'un tableau peuvent l'intéresser beaucoup moins que la pureté parfois trop sèche de l'esquisse, je lui demanderai de vouloir bien me suivre encore, non plus à travers les rues de Papeete, mais par les sentiers fleuris, embaumés, qui s'en éloignent, le long de ces lointains et joyeux rivages, où, suivant l'expression pittoresque d'un poète et d'un artiste, M. de Jonquières,... « l'été règne en maître et jamais ne finit ».

Fuyant Papeete, prenons donc la route de ceinture au chemin du cimetière, limite de la ville et de la campagne, de la cité des morts et de celle des vivants.

La flèche d'un poteau indicateur annonce le territoire de Faa. La voie large de plus de 10 mètres, bien unie, courant sous des

arceaux de verdure qui masquent, en amont, des mornes basal-
tiques, en aval la mer glauque brisant sur le corail son flot mélancolique, se déroule comme un interminable ruban.

De chaque côté, semées à l'aventure, des cases en chaume ou
en bois, ensevelies sous des cocotiers, des arbres à pain, des manguiers, semblent faire corps avec des massifs de bananiers, des
bosquets de gardénias, de tiarès, dont les fleurs ont la blancheur
du lys, mais n'en empruntent point le symbole.

De la pointe de Faa, après avoir tourné le premier coteau, le
regard, dégagé de tous les obstacles, court sur un large horizon et
contemple un superbe panorama.

D'un côté, c'est la rade peuplée de bateaux, bordée de constructions, avec l'îlot Motu-Uta et la pointe Fare-Ute pareils à
deux émeraudes émergeant d'un saphir.

Devant soi, l'Océan, calme, majestueux, uni comme un miroir où
se reflète dans le lointain, du haut de ses escarpements, la sombre
et imposante silhouette de l'île Moréa avec ses monts percés à jour.

Le long de la mer, suivant les méandres de la côte, la voiture
s'éloigne laissant s'évanouir dans le voile diaphane des buées
aériennes la capitale de la Polynésie.

Voici Faa ; le chef Teihotu, prévenu de ma visite, est venu
à ma rencontre ; c'est un Maori de pure race, haut de plus de
six pieds et demi, mais, malgré sa taille, d'une timidité presque
enfantine ; c'est le fils et successeur du célèbre pasteur Maheanu
qui, en 1880, affirma ses symphaties pour la France en facilitant
par tous les moyens en son pouvoir l'annexion de Tahiti.

Depuis que je suis son hôte, Teihotu m'accompagne partout,
visiblement heureux que je m'intéresse aux travaux en cours ou
projetés à Faa ; il me fait remarquer deux belles stèles qui ornent la
tête d'un aqueduc et m'explique, non sans une légitime fierté, que
c'est son père qui les a plantées là, après les avoir tirées d'un
même bloc de basalte ; les traces des coins attestent que ces deux
pierres n'en firent qu'une jadis.

Au milieu d'un nombreux cortège d'enfants et de curieux
venus pour voir le « Raatira purumu api » (le nouveau chef des
travaux), on visite les divers édifices de la localité ; le bâtiment
où sera installée l'école, le temple construit en beaux blocs de

corail extraits, taillés et mis en œuvre par la piété des fidèles, puis la coquette église catholique qui compte beaucoup de prosélytes.

Teihotu me conduit ensuite jusqu'aux confins de son district, au col d'Atumouru, où je suis reçu par son collègue Teriieroteraï, chef de Punavia. Ce district s'étend sur un parcours de 11 kilomètres environ. Au bas de la descente qui part du col, sur la gauche du chemin, un mur en maçonnerie surmonté d'une grille en fer défend l'accès d'un jardin peuplé de statues et de massifs ombreux, derrière lesquels s'élèvent des pavillons et une coquette habitation de maître appartenant à un de nos nationaux auquel tout a souri, que la Fortune à récompensé d'un labeur opiniâtre et honnête.

En face du « home », à droite de la voie publique, des plantations soignées, du bétail en quantité, une usine à râper les cocos, une écurie admirablement garnie, une remise abritant victoria, phaéton et autres véhicules, attestant que, sur ce point de l'île, l'activité a chassé et remplacé l'indolence si funeste à l'essor de tout progrès.

Les longues palmes des cocotiers, les branches touffues des manguiers s'entre-croisent par endroits, tempérant de leur ombre bienfaisante l'ardeur du soleil qui vient enluminer, plus que de besoin, le paysage déjà si pittoresque traversé par la route. Voici l'école du district : elle est en planches, recouverte en bardeaux : sur son pignon se détache en gros caractères cette courte inscription ; « 2 × 2 = 4 »?...

... C'est à l'originalité du donateur de l'emplacement, M. S. Souvy, ancien chef de l'imprimerie du Gouvernement, vivant en retraite à Papeete, que le touriste doit cette surprise qu'il ne peut s'empêcher de fixer dans ses souvenirs en dirigeant l'objectif de son « détective » sur l'immeuble scolaire.

Tout à côté, près du rivage, une statue et des chimères sculptées sur bois précèdent une case au toit de chaume, où, nouveau Robinson, un artiste est venu chercher le repos. M. Paul Ganguin, le peintre impressionniste bien connu, a fui pour la seconde fois la sentine parisienne pour se réfugier au sein de la primitive nature.

Le costume du reclus est de la plus sobre simplicité : un tricot

avec un paréo qui de la taille le couvre jusqu'à la cheville ; c'est
tout.

Les murs du petit salon et de l'atelier sont tapissés de toiles
qui n'ont rien de classique, rien de convenu, où le maître paraît
avoir enfermé, sans en omettre un seul détail, toutes les beautés
qu'une nature prodigue a semées sous le ciel radieux de cette île
inoubliable.

L'ermite aime passionnément son coin de terre, il y a fixé sa
vie et compte y jouir à la fin de sa carrière du repos éternel.

Après avoir dépassé le clocher de l'église desservie par le R. P.
Michel Béchu, un ancien soldat qui a troqué le sabre contre la sou-
tane, on entre dans la vallée du Punaru. Sur l'un des contreforts
escarpés qui l'encadrent, se dressent encore les ruines de quelques
constructions délabrées d'où un tuyau, simulant une pièce à feu,
semble encore menacer un chimérique ennemi.

Ce sont là d'anciens travaux de défense construits lors de nos
premières expéditions, du temps où les valeureux guerriers Oropaa,
de Punavia, nous disputaient pied à pied le sol de leur patrie se
servant de toutes les armes, utilisant toutes les ressources, faisant
rouler du haut des montagnes — à défaut d'autres projectiles —
d'énormes blocs de pierre destinés à écraser nos troupes au passage
d'étroits défilés.

D'une passerelle en bois et fer qui franchit le Punaru au pied
des anciens forts, bien loin, au fond de la vallée, à travers les
gorges mystérieuses, se profilent comme des Titans deux des
cornes du Maïao ou Diadème.

Dans le chaos des montagnes qui enserrent le vallon sont des
roches presque inaccessibles, dont les anfractuosités servaient autrefois de lieux de sépulture, où gisent encore d'innombrables
squelettes.

Sur le désir que j'en exprime Teriieroteraï me les montre du
doigt en disant : « tera fare tupapau » (c'est la maison des morts) ;
ces mots tombant d'un ton presque lugubre, je crus comprendre
que je ne devais pas forcer une réserve superstitieuse par ma curiosité pourtant bien naturelle.

Je savais d'ailleurs qu'un intrépide excursionniste avait rapporté de la grotte des « Tupapaus » des vues, photographiques et,

je crois même, quelques crânes maoris destinés à des études anthropologiques.

Les vanillières, rares jusqu'à cet endroit, se multiplient maintenant; l'orchidée grimpe le long des goyaviers qui lui servent de tuteurs; de ses grappes de fleurs, de ses gousses noirâtres, s'exhale un subtil arôme qui s'en va dans les airs en effluves exquis.

La plaque limite de la région de Punavia atteinte, je prends congé de Teriieroteraï pour entrer dans le domaine de Paéa dont le chef me souhaite la bienvenue. Ce brave Rauféa, qui entend et parle notre langue, mais avec timidité, me conduit jusqu'à son habitation à travers deux rangées de bananiers géants et une véritable forêt d'arbres à pain sous lesquels sont enfouies de nombreuses demeures.

La route qui se développe en terrain plat passe, comme dans tous les autres centres, devant les mêmes constructions; le temple protestant, l'école publique, quelquefois l'église, la chefferie et la Fare ou maison commune, située à Paéa à deux pas du rivage de la mer.

Cette fare-hau, inaugurée le 28 mars 1895, est construite dans le goût indigène; elle mesure environ 40 mètres de long sur 10 de large.

La chefferie qui appartient à la colonie consiste en un immeuble en bois raboté, avec salon et 4 chambres à coucher pour les fonctionnaires de passage. Rauféa, qui y loge, a planté tout à côté un mât de pavillon qui laisse flotter les trois couleurs pour lesquelles ce chef a si vaillament combattu lors de l'expédition de Raïatéa-Tahaa en 1897. Toutes ces habitations sont protégées contre l'ardeur du soleil par l'épais feuillage de grands arbres sur lesquels grimpent amoureusement, s'enlacent autour des branches des lianes capricieuses, des liserons rouges, formant des rideaux qui maintiennent la fraîcheur. Çà et là sur la grève sont des aïtos — bois de fer — dont les respectables dimensions attestent le grand âge; leur feuillage en aiguilles pareil à celui de nos sapins jette au souffle des brises de mystérieuses et tristes mélodies, semblables aux notes plaintives d'un funèbre himéné. J'ai souvent, en Nouvelle-Calédonie, passé des nuits au pied des bois de fer, sans pouvoir me défendre d'une profonde impression de mélancolie, toutes

Habitation du peintre Ganguin.

les fois que le zéphir ou la rafale, en souffles caressants ou en bonds furieux, agitait leur étrange chevelure, troublant la quiétude de l'ombreuse forêt.

Ce chant des nuits, cette voix aérienne était jadis considérée par les Maoris comme la parole de la Divinité; aussi leurs maraïs étaient-ils entourés d'aïtos, de tamanou et de miro (bois de rose). A Paéa, comme ailleurs, les bouquets d'aïto sont des lieux habituels de réunion; là sur l'emplacement de leurs temples disparus, devant l'immensité des flots, les indigènes aiment à causer ou rêver dans la contemplation de féeriques couchers de soleil, du spectacle absorbant de l'Océan qui se déroule devant eux.

La vallée de l'Oroféro ouvre son vaste cirque sur Paéa, se refermant vers l'intérieur par un entassement de rochers et de forêts où sont à peine frayés des passages dangereux qui ajoutent comme un charme de plus à ce site d'un incomparable attrait.

Pendant que je m'entretiens avec Rauféa des multiples beautés de son pays, un gracieux « Ia ora na féti » (bonjour, ami) retentit à mes oreilles aussitôt suivi du traditionnel « haré maï tama » (viens manger); puis deux petites mains se tendent et m'entraînent sans façon. C'est une aimable vahiné, rencontrée à Papeete chez ses parents, qui me renouvelle une invitation à déjeuner, déjà ancienne, et à laquelle je me rends sans difficulté, mais non sans plaisir, malgré les protestations de l'hôtelier consterné de ce contre-temps qui l'oblige à arrêter ses apprêts. Ma Tahitienne, joyeuse de voir que je ne suis pas « téotéo » (fier) comme tant d'autres « papaa » (étrangers), me mène dans sa famille où les poignées de main me sont prodiguées avec les « Ia ora na » et les « haré maï tama ».

Toutes ces effusions sont invariablement suivies de l'inévitable « Ea parau api Papeete » (quoi de neuf à Papeete?), qui provoque de ma part, et pour cause, cette laconique réponse : « Aïta » (rien).

La maison où je reçois un accueil si empressé, si cordial, appartient à des gens aisés; elle est en bois raboté, couverte en tôle, avec une véranda, couverte de la même façon et qui court sur ses quatre faces.

Les murs, les parois, les plafonds, les cloisons, sont en

planches rainées et bouvetées, le tout peint à l'huile, à l'intérieur comme à l'extérieur; les portes et les fenêtres sont garnies de rideaux en mousseline blanche. Sur les planchers d'une irréprochable propreté s'étalent de belles nattes. Accrochés aux murs, quelques photographies et des mauvais chromos de provenance allemande; une table et quelques sièges garnissent le salon.

Sans être luxueuses, les chambres à coucher sont meublées avec un confort suffisant.

Comme on s'apprête à mettre le couvert, et qu'on déploie déjà, à mon intention, la nappe d'une blancheur immaculée, j'interviens pour arrêter cette exhibition d'objets européens, priant mes amphitryons de me permettre leur simple dîner à la « tahitienne »; on cède à mon désir et je suis la famille dans une case voisine, — « la faré poté », — de forme oblongue avec les extrémités en demi-cercle ou simplement arrondies, dans laquelle on se tient habituellement.

Sans m'attarder à la description détaillée de ce genre de maison, je dirai que les parois sont formées par des piliers qui supportent la charpente et entre lesquels sont fixés de fins roseaux tressés, entremêlés ou posés verticalement ; en face l'une ou l'autre s'ouvrent d'ordinaire deux portes spacieuses, la toiture est en feuilles de pandanus attachées solidement et formant un tout de parfaite étanchéité.

Cette case, de 15 mètres de long sur 5 à 6 de large, était divisée en trois compartiments par deux clayonnages pareils à ceux de l'extérieur, la pièce du milieu servant de salle à manger, et celles de l'extrémité de chambres à coucher.

Sur le sol bien aplani se trouvaient des nattes, des matelas, des couvertures, tout le mobilier de nuit des indigènes.

La toilette de la salle du repas fut promptement faite et l'on disposa aussitôt sur une large natte plusieurs feuilles de bananiers, d'arbres à pain destinées à servir de plats et d'assiettes. On apporta des cocos pleins de leur lait, des bols contenant de l'eau pour boire, et le « miti ari », espèce de sauce ayant l'aspect et la consistance du lait, composée d'eau de mer, de coco râpé et de jus de citron; c'est dans ce mélange que bientôt les mains tremperont les aliments composant le régal. A petite distance de la « faré poté », sous un hangar ouvert sur trois côtés, se dresse une hutte en forme de cône, recouverte de feuilles sur lesquelles sont posées quelques pierres pour les maintenir en place; bien qu'on n'aperçoive point de fumée, c'est dans ce « umu » (four) que cuisent depuis une heure et plus des mets vraiment succulents.

Sous les pierres et l'épaisse couche de feuillage, sont d'appétissants maïorés à la croûte dorée que l'on retire à la hâte à travers la chaude buée pour les jeter dans le panier aux provisions, puis c'est le tour des feïs ou bananes sauvages dont il faudra enlever la pelure — une véritable gaine — avant de les manger; c'est la partie végétale du déjeuner, la partie superficielle des aliments enfouis dans le umu.

Sous ces fruits mijote un petit cochon de lait, un vrai chérubin flanqué de poissons, parmi lesquels le délicieux rouget et l'exquise bonite tiennent la première place; tout cela est échafaudé sur un lit de cailloux, tapissant le fond d'un trou creusé dans le sol.

C'est sur ces cailloux portés à une température très élevée, que l'on a porté, au point voulu de cuisson, les aliments qui fument maintenant sur les énormes feuilles de bananier autour desquelles se tiennent, en se faisant vis-à-vis, huit personnes assises par terre, ou accroupies, dans l'attitude peu décorative de chiens qui causent entre eux.

Suivant les rites de l'ancienne religion, conformes à la coutume chrétienne, le chef de la famille, avant de commencer le repas, récita une courte prière et bénit les vivres ; les feuilles ou plats glissèrent sur la natte et chacun, usant de ses dix doigts, prit sa part de nourriture qu'il plaça dans des assiettes végétales posées devant lui.

Les maïorés et les feïs, trop chauds pour être ainsi absorbés, furent ouverts avec un couteau en bois, et après le refroidissement chacun mordit à même ou en pétrit les morceaux en boules de la grosseur d'une noix ; pendant qu'une main plongeait une tranche de cochon ou de poisson dans le « miti ari », l'autre portait à la bouche le feï ou le maïoré, comme une vulgaire petite tranche de pain. Les Tahitiens m'examinant un peu à la dérobée, me complimentaient sur mon adresse à ce genre d'exercice, ne se doutant

Un porteur de leï.

pas que j'avais depuis longtemps fait mon apprentissage au milieu des Canaques calédoniens, au cours d'un séjour de huit années dans leur inoubliable pays ; et plus tard, tant aux Nouvelles-Hébrides qu'au Cambodge, j'avais été maintes fois dans la nécessité d'utiliser mes doigts en guise de cuiller ou de fourchette. Leur étonnement fut vite dissipé lorsque je leur fournis le mot de l'énigme, après la prière à la fin du repas.

Les chiens, les chats, les poules tenus à l'écart jusqu'alors firent irruption dans la salle, se livrant une bataille en règle pour s'approprier les débris et les miettes épars sur la natte.

En se levant, les Maoris firent la toilette de la bouche avec l'eau contenue dans les bols et à laquelle ils avaient préféré comme boisson le lait de coco.

Avec une très légère collation le soir, rarement le matin, ce repas substantiel de midi est le seul que prennent les indigènes, qu'on a représentés, bien à tort, je crois, comme des gourmands occupés, de l'aube au crépuscule, aux seuls plaisirs de la table.

Ceux qui, par indolence, ne préparent pas le « umu » quotidien usent d'aliments froids cuits de la veille, sont traités de « feï tao » mangeurs de feï froid, ce qui est l'équivalent de paresseux.

Après les heures de grosse chaleur consacrées à une longue et familière causerie avec ceux qui m'avaient offert une si cordiale hospitalité, je repris mon voyage interrompu à 22 kilomètres de Papeete.

Contournant le pied des montagnes, c'est encore sous des cocotiers que se développe le chemin, non loin du rivage de la mer dont le flot s'argente par moment sous la caresse un peu vive de la brise du Sud-Est.

En avançant, sur la gauche, entre les bornes 22 à 26 K., on trouve les fermes Fagnot, Jean Rey, Chapman, l'usine à rhum du défunt Carron, passée aux mains d'un Anglais, et enfin une superbe vanillière tenue par un naturel des îles Sandwich.

Avant de quitter le district, non loin de la limite de Paéa-Papara, la falaise plongeant à pic dans la mer, on a établi la chaussée sur une levée en blocs détachés de la montagne. C'est à cet endroit dénommé « pointe de Mara » qu'on trouve en plein roc une voûte gigantesque bien connue sous le nom de grotte de Mara. Les eaux d'un petit étang dorment paisiblement sous son plafond de pierre tapissé d'une inextricable chevelure de végétaux de toute nature. Des lianes de toutes dimensions descendent le long des parois du souterrain ; on les utilise pour grimper à la recherche de capillaires ou de fougères rares adorées par les jolies mondaines de Papeete.

Une petite pirogue m'a permis de glisser sur les eaux de l'étang jusqu'au point où la voûte s'abaissant brusquement arrête toute exploration. Bien que l'on attribue au souterrain une profondeur inconnue, on ne peut guère pénétrer au delà d'une distance de 80 mètres de l'ouverture proche de la route.

La légende veut que la grotte de Mara ait longtemps été l'asile des dieux et plus tard le refuge des vaincus en temps de guerre. Les temps fabuleux reviendront peut-être, mais en attendant Mara n'est qu'un lieu de rendez-vous cher aux excursionnistes, heureux de passer leurs loisirs à contempler dans sa bizarrerie même cet admirable travail des éléments.

A un kilomètre de la grotte, aussi loin que le regard peut s'étendre, la plaine qui s'élargit déroule une immense nappe de verdure aux tons vifs ou tendres, parfois sombres dans le creux des ondulations formées par de légères inégalités du sol. Des orangers, des cocotiers, mille autres plantes se mêlent dans une harmonieuse confusion et répandent leur fraîcheur et leurs parfums sur les demeures qui bordent la route. Des vanillières, des champs de cannes à sucre, se perdent à l'horizon, témoignant de la puissance productive du sol, quand la main de l'homme sait, par des moyens appropriés, féconder la trop longue virginité d'une sauvage nature. C'est dans cette région, la plus riche de l'île, qu'est née de la sœur du célèbre chef Tati, de Papara, unie à un matelot anglais déserteur, le sieur Salmon, l'ex-reine Marau. Madame Salmon, qui était l'amie intime de Pomaré Vahiné, n'avait pas vu le jour sur les marches du trône : elle est morte le 24 juin 1897 à l'âge de 76 ans, emportant dans la tombe d'unanimes regrets, car elle fut vraiment femme de bien et de sentiments élevés. Ses enfants, obéissant on ne sait à quelle pensée, ont fait, de la cheffesse honoraire de Papara, une princesse dont les noms et les titres figurent au faire part ci-après :

Papeete, le 24 juin 1897.

M

Les Familles SALMON, DARSIE, ATWATER, BRANDER, SUMNER, MAHEANUU ᴀ MAI, POMARE, ATIVIVIRAU et ATERIITAAI,

Ont la douleur de vous faire part de la perte cruelle qu'elles viennent de faire en la personne de

La Princesse

Teriirere i otu rau ma Toarai Ariioehau Taaroarii Ariitaimai Veuve SALMON,

CHEFFESSE HONORAIRE DE PAPARA,

leur mère, grand'mère, bisaïeule, sœur, tante, grand'tante et cousine, décédée à Papeete le 24 juin 1897, à 7 h. 40 du matin, dans sa soixante-seizième année.

Les Obsèques auront lieu Samedi 26 Juin, à 3 heures de l'après-midi. — On se réunira à la maison mortuaire, rue de la Reine.

> « Il y a plusieurs demeures dans la maison
> « de mon Père ; si cela n'était pas, je vous l'aurais
> « dit. Je m'en vais vous préparer le lieu.
>
> « Et quand je m'en serai allé et que je vous
> « aurai préparé le lieu, je reviendrai et vous pren-
> « drai avec moi, afin qu'où je serai, vous y
> « soyez aussi. »
>
> St Jean, Chap. XIV, 2-3.

Si j'ai rapporté cette marque de la vanité humaine, de l'ostentation tahitienne, c'est que la royauté des îles de la Société datant seulement de l'année 1793, il n'y a eu que les membres de la famille Pomaré qui aient réellement porté la couronne; ce ne serait donc que par le mariage de sa fille Marau divorcée en 188... d'avec Pomaré V, que Mᵐᵉ Salmon aurait acquis le titre de « Princesse », par alliance sans doute.

L'église catholique, le temple protestant — encore inachevé — sont les seuls édifices publics du district de Papara; les habitations sont nombreuses et coquettes. Les gens de cette localité ayant tiré de leurs plantations de vanille des bénéfices considérables, et poussés par un sentiment d'orgueil plutôt que par la nécessité, ont construit, tout à côté de leurs cases en chaume, de spacieux cottages en bois peints à l'huile, dans lesquels ils se gardent de loger, mais qu'ils sont fiers de posséder et qu'ils montrent avec une vaniteuse satisfaction. Les entrepreneurs du chef-lieu ont exploité à leur profit cette faiblesse des naturels de l'intérieur qui enfouissent dans d'inutiles immeubles le produit de leurs labeurs agricoles.

La richesse ou tout au moins l'aisance a développé chez les habitants de Papara le goût des boissons alcooliques avec toutes ses conséquences, au point que l'administration a jugé prudent et utile de transférer dans ce poste le gendarme qui était stationné à Paéa. Un seul gendarme? dira-t-on, l'on a donc dans ce pays le respect de l'uniforme? Je réponds affirmativement parce que j'ai vu « l'arme spéciale » à l'œuvre.

De la rivière Taharu, que l'on franchit sur une passerelle bois et fer, système Eiffel, le tableau est toujours grandiose; toujours des champs de cannes et des vanillières, des cocotiers et des bananiers, toujours la même flore répandant les mêmes effluves enivrants, le tout enfermé dans un cadre merveilleux.

La plaine, coupée par de multiples cours d'eau, s'en va jusqu'aux limites fixées par les Tiis ou dieux des bornes de la terre et de la mer, en attendant que les alluvions et les coraux élargissent son empire jusqu'aux premiers récifs où l'Océan en tout temps jette l'écume de ses flots.

Du côté de l'intérieur, ce sont de hautes montagnes aux flancs verdoyants, souvent nus, sillonnés par des cascades qui dévalent de leurs cimes; elles portent leur front tantôt dans les nuages et tantôt dans l'azur qui forme une auréole à leur silencieuse majesté.

La rivière de Taharu roula, dit-on, du sang, quand le vieux chef Tati, devenu chrétien, fit tomber sous la hache profane les arbres sacrés (Aïtos, Tamanous, Miros) qui ombrageaient son maraï.

Sur la rive gauche de Taharu, commence le vaste domaine d'Atimaono dont les terrains incultes, depuis la faillite de la Société anglaise des cotons, s'étendent le long de la route jusqu'à Mataéia sur un parcours de cinq kilomètres, laissant en friche plus de 4 000 hectares d'alluvions et coteaux propres à toutes les cultures comme à l'élevage.

La plaine d'Atimaono, couverte de goyaviers, envahie par les lantanes, est convoitée par les étrangers et deviendra fatalement leur proie.

VIII

Le district de Mataéia succède à celui de Papara avec lequel il rivalise en productions, bien que son territoire soit de moindre étendue.

Si Paéa possède la grotte de Mara, les naturels de Mataéia sont fiers d'avoir dans leur région le lac de Vaïria, dont ils se prétendent originaires, ainsi que je l'ai précédemment expliqué, au chapitre des fêtes.

Chaque année, à la saison sèche, de nombreuses personnes se rendent en pèlerinage au lac Vaïria. De petites caravanes partent de Mataéia pour aboutir au village de Papenoo, point terminus de l'itinéraire par le lac, et l'intérieur; quelque fois Papenoo est le point initial du trajet. Quoi qu'il en soit, le voyage d'aller et retour demande au minimum quatre jours. Ce sont ordinairement les guides et les porteurs qui, connaissant la période probable de beau temps, fixent la date de l'excursion, en prévision de laquelle il est indispensable de se munir de vivres et de quelques outils, sans oublier une bonne corde pour la descente de rochers infranchissables sans cette précaution.

Escorté de trois indigènes, j'ai accompli moi-même le parcours de Mataéïa au lac Vaïria et *vice-versa*, en deux jours.

La vallée de Vaïria, que l'on atteint en quelques minutes, par le chemin tortueux qui s'amorce sur la route de ceinture, est des plus pittoresques et non des moins fertiles de l'île; une petite rivière roule en cet endroit des eaux vives et claires comme un pur cristal.

Leur murmure s'accentue à mesure que son lit se rétrécit en remontant la pente de plus en plus raide, qui conduit vers la source.

Le sentier qui y conduit décrit de capricieux méandres et traverse plusieurs fois le cours d'eau.

Un repas à la tahitienne.

La déclivité des coteaux, les racines à fleur de sol, les arbustes dont les branches fouettent à chaque pas les flancs et la figure rendent la marche difficile, pénible même, et lassent les jarrets les plus entraînés.

De temps à autre, une halte sous un dais de verdure, dont la molle épaisseur arrête les feux du soleil, permet de reprendre haleine.

Toutes ces branches croisées, entrelacées, unies par des lianes qui les enlacent en tous sens, dérobent la vue du ciel aux pèlerins que l'attrait de l'inconnu attire dans ces solitudes rarement troublées par la présence d'êtres humains; les oiseaux, rares à Tahiti, n'animent point de leurs concerts pleins d'une indicible harmonie les nids de fine mousse que la nature leur tient en réserve. Puis c'est au grand air, sous les brûlants rayons du soleil, que l'ascension se poursuit au prix de mille difficultés, par un sillon en zigzags qui grimpe le long d'abrupts rochers.

Sans souci du danger dont semblent nous menacer d'énormes blocs de basalte qui parfois se détachent, roulant en avalanche vers l'abîme, nous montons toujours longeant tantôt les blanches cascades, tantôt des précipices insondables effrayants. Après sept heures de marche, nous arrivons sur le plateau qui couronne la montagne, au bord du lac légendaire, terme et but du voyage.

Après quelques instants de repos et un bain réconfortant dans les eaux du lac, un bon repas sur l'herbe, arrosé d'une coupe de champagne, délie la langue des guides qui narrent de fabuleux récits.

L'un d'entre eux connaît, à peu de distance du point où nous sommes, un ancien cratère, une caverne sans fond dans laquelle, au cours des luttes sanglantes que se livraient autrefois les anciennes peuplades de ces contrées, les vainqueurs jetaient leurs captifs après leur avoir coupé les oreilles. Comme on prétend que les anguilles qui peuplent le lac Vaïria sont pourvues de grands appendices auriculaires, je n'ai point de peine à faire croire à mes compagnons que ces bêtes ont aujourd'hui les oreilles de leurs ancêtres, et je mets fin aux légendes en ordonnant la construction d'installations sommaires pour y passer la nuit.

Le lac Vaïria, situé à 400 mètres d'altitude environ, occupe l'emplacement d'un ancien cratère ; son entonnoir aussi parfait que celui du mont Eden que j'ai vu en Nouvelle-Zélande, près d'Auckland, est constitué par les parois des monts Tetufera, Urufaa, Purahu et Terouotupo inégalement élevés au-dessus du niveau des eaux.

Celles-ci s'étendent sur une longueur de près de 700 mètres et une largeur de 600 mètres. La topographie des rives donne au lac la forme curieuse d'un « bébé emmailloté, ayant les bras hors des langes ».

Le trop plein des eaux se déverse par une échancrure naturelle ; ce réservoir, placé au cœur des montagnes, alimente par des communications souterraines de nombreux cours d'eau et donne naissance à plusieurs sources dont l'une vient sourdre sur la route de ceinture à la limite des districts de Mataéia et de Papeari.

Faute d'embarcation d'aucune sorte qui permît d'explorer le lac, je fis procéder à la construction d'un radeau, assemblage de troncs de feïs reliés entre eux par des chevilles en bois et des cordes ou des lianes. La nuit et la fatigue nous obligèrent à abréger notre promenade sur cette mer en miniature. Des pics environnants, sur les flots moirés par les rayons de la lune se projettent des ombres d'une sombre intensité. Seuls les feux de la rive vers laquelle on revient animent ce coin de terre ordinairement silencieux et désert.

Après le dîner, une couche moelleuse de feuilles sèches nous permet de goûter les douceurs d'un repos réparateur pour affronter, au lever du jour, les fatigues du retour à Mataéia.

Dès le départ, sous nos yeux, presque à nos pieds, la vallée de Vaïria étale en un immense tapis vert la luxuriante végétation d'une flore sans rivale. Dans le lointain, la mer unie comme un grand miroir semble dormir encore sous un manteau de plomb.

Après avoir descendu la pente de la montagne, tantôt avec de grandes précautions, tantôt à une allure plus accélérée, quand le terrain le permet, nous arrivons enfin à midi à la chefferie de Mataéia.

Le Tavana (chef) Tetuanui, de son vrai nom Aruoehau a Moeroa, qui a bravement gagné la croix qu'il porte sur la poitrine, pendant la campagne de Raïatéa-Tahaa, m'y attendait.

L'école publique tenue par des sœurs, l'église catholique, les bâtiments de la chefferie, le temple protestant et l'habitation Poroï sont les seuls immeubles dignes de quelque attention, dans ce pays où la nature toujours prévoyante et prodigue a semé tant de choses admirables et où l'indigène paraît, au contraire, s'éterniser dans l'indolence d'une vie contemplative.

De Mataéia l'on aperçoit la partie sud-ouest de Tahiti, montagneuse et abrupte que l'on nomme communément la presqu'île. Aux confins du district se trouvent d'importantes plantations de canne à sucre et l'usine de Vaïria où l'on fabrique du rhum et de la cassonade.

La région voisine est celle de Papeari, dont le nom signifie abondance d'eau et de cocotiers. L'on y pratique avec succès l'élevage du bétail, du cheval, du mouton même.

De nombreux cours d'eau larges et profonds y répandent l'abondance. Le lit de l'un deux fut creusé par la population, sur l'initiative du chef, pour assécher et améliorer de grands espaces marécageux, qui purent ainsi être livrés à l'agriculture. Ici le paysage perd quelque peu de son cachet tropical; la route aussi, faute d'entretien, est moins large, moins praticable qu'ailleurs. L'entretien des voies de communication est fait à Tahiti, non par des cantonniers, mais par la main-d'œuvre des prestataires et par des chantiers volants; on ne trouve point, en effet, dans le pays d'individus voulant accepter un emploi qu'un grand capitaine de l'antiquité semblait rechercher au lendemain de ses victoires.

Après avoir passé sur des digues établies dans la mer, laissant à l'amont de petits étangs, la route gagne le district d'Afaahiti, retrouve une nouvelle digue et longe jusqu'au pied du contrefort de Taravao le littoral de Port-Phaéton destiné à servir de point d'appui à notre flotte, dans cette partie du Pacifique.

Au sommet d'une petite côte, à 15 mètres à peine au-dessus du niveau de la mer, se trouve le plateau de Taravao. Une large allée conduit à l'ancien fort militaire. Les orangers plantés par les marins du *Phaéton* l'encadrent d'un bout à l'autre, y répandent, avec une ombre bienfaisante, l'exquise senteur de leurs fleurs et de leurs fruits d'or.

Ce fort est aujourd'hui occupé par un poste de gendarmerie,

où l'on est toujours sûr de trouver auprès des « représentants de
l'arme » l'hospitalité la plus large et la plus empressée.

La légende maorie, si fertile en l'art du merveilleux, raconte
qu'un de ses dieux furieux contre les populations de Taïarabou,
résolut de les perdre. Par une nuit obscure, il entreprit de les
abîmer dans les flots en détachant de Tahiti la terre qu'elles habi-
taient. L'œuvre de destruction était en partie exécutée, déjà elle
touchait à sa fin ; la divinité cruelle croyait tenir sa vengeance,
quand le jour, devançant l'heure habituelle, parut à l'horizon,
aveuglant de sa lumière le ténébreux Hercule polynésien qui fut
obligé de gagner sa sombre demeure au fond des mers, laissant
sa tâche inachevée.

C'est à cette heureuse circonstance que nous devons, paraît-il,
l'isthme de Taravao qui mesure à peine 2 200 mètres de large.
Sans être prophète, on peut prédire que, grâce à la prochaine
création d'un arsenal maritime à Port-Phaéton, une grande cité
s'élèvera dans un avenir prochain sur le plateau de Taravao, et
que la main de l'homme la rendra digne du merveilleux berceau
que la nature lui a sculpté.

Au nord et au midi se dressent, en effet, les masses imposan-
tes des montagnes de Tahiti et celles de la presqu'île, qui du sein
de l'Océan s'élèvent en étages irréguliers étalant au soleil d'incom-
parables richesses forestières.

A l'orient comme au couchant, des deux côtés de l'isthme, la
mer monstrueuse ou calme, d'une voix sourde ou plaintive, jette
au vent qui les emporte ses longs rugissements, ses éternelles
harmonies.

C'est à Taravao que se croisent les deux routes qui de Papeete
vont vers les extrémités de l'île, par la côte orientale et la côte
opposée.

Les constructions qu'on rencontre à Taravao ne diffèrent point
de celles des autres centres ; l'école française indigène ou protes-
tante, l'église catholique, le poste de gendarmerie et une hôtellerie
sordide tenue par le Chinois At-Chong.

Mentionnons également l'habitation Lucas et l'ancienne résidence où se tiennent mensuellement les audiences de la justice de
paix ; quelques installations très provisoires de l'entrepreneur du

transport des correspondances autour de l'île : tout cela constitue le bourg de Taravao, éloigné du chef-lieu de 60 ou de 52 kilomètres, selon que l'on prend la direction de la côte ouest ou celle de l'est.

La route du couchant serait irréprochable si elle était pourvue de passerelles pour permettre de franchir les 140 cours d'eau qui la traversent ; malheureusement la plupart des ouvrages sont en bois, provisoires, une douzaine sont encore à construire, et les passages à gué présentent — pour les véhicules surtout — de sérieuses difficultés par les jours de pluie.

Une excursion par la côte orientale est souvent impossible ; le chemin mal tracé, mal indiqué, parfois très étroit, manque entièrement des moyens nécessaires au passage des nombreuses rivières que l'on rencontre entre Taravao et Papenoo, sur un parcours de 30 kilomètres environ.

Ce n'est qu'à partir de cette localité, pour arriver à Papeete, sur une distance de 20 kilomètres, que la circulation devient meilleure, sans être toujours assurée.

Les voies carrossables, qui de Taravao pénètrent dans la presqu'île, ont beaucoup d'analogie avec celles de la côte est allant de Taravao à Papeete ; mais sauf des passerelles rustiques, aucun pont n'existe sur les ruisseaux des deux tronçons informes de 20 kilomètres chacun, qui aboutissent respectivement à Teahupoo (côte ouest) et Tautira (côte est).

Aucune communication directe n'est possible que par piétons ou par la mer entre ces deux points, à moins que l'on ne fasse retour sur Taravao. Les deux extrémités de la route dite de ceinture — par euphémisme sans doute — sont séparées par les hautes falaises rocheuses qui bordent tout le littoral sud de Tahiti.

C'est dans cette région, réputée lointaine, mal explorée, où s'aventurent rarement les représentants de l'autorité, que les gens de Teahupoo, de février à juillet, enfreignent à leur aise les règlements répressifs, pour se livrer à toutes sortes de débauches et d'orgies auxquelles préludent d'ignobles soûleries de vin d'oranges secrètement préparé dans le mystère des bois épais.

De Taravao à Teahupoo et Tautira, les montagnes émergent presque directement de la mer ; aussi la zone cultivable est-elle

Village et gorges de Tautira.

excessivement restreinte et parfois nulle, au point que l'on a été
obligé, par endroits, de tailler la route dans le roc des falaises.

Dans ce pays si tourmenté, l'œil du voyageur rencontre souvent, aux tournants du chemin, de riantes et vertes vallées profondément encaissées dans des rochers abrupts d'où pendent des fougères arborescentes avec leurs grands parasols, des feïs énormes,
des bancouliers, des bois de fer, des essences sans nombre enténé-
brant un paysage qu'embaument de suaves senteurs, des fleurs
sauvages, des vanillières, des forêts d'orangers déjà séculaires.

Dans la presqu'île, comme ailleurs à Tahiti, l'intérieur des
terres est inhabité ; la population manquant de voies d'accès a
tenu à s'établir près de la mer, qui est à la fois une route large et
spacieuse et un inépuisable magasin, où à défaut d'autres vivres
on est sûr de trouver le poisson qui entre pour une notable quantité dans la subsistance des indigènes.

Aussi leurs cases sont-elles disséminées le long de la plage et
de la route qui, dans tout son parcours, ne s'éloigne jamais sensiblement du bord de mer.

C'est ce qui a déterminé l'Administration à diviser l'île en
districts et non en communes, aucun centre n'offrant une agglo-
mération suffisante à laquelle pût s'adapter une telle dénomina-
tion.

Sauf Tautira où les habitations sont rapprochées, bien grou-
pées le long d'une avenue de 1500 mètres environ, les autres
cantons comme Punavia, Paéa, Papara, Hitia, etc., ont leurs cases
échelonnées sur des étendues de 10 à 13 kilomètres et quelquefois plus.

Cette dispersion des habitants, installés pour la plupart sur
leurs terres auxquelles ils sont fort attachés, peut développer en
eux l'amour des travaux champêtres, mais elle nuit à l'esprit
d'association, à l'union des efforts individuels, qui seuls peuvent
engendrer et féconder les conceptions hardies d'où sortira le bien-
être général.

Guidé par un sentiment de cette nature, M. Gaultier de la
Richerie, gouverneur de Tahiti, en 1860, décida que les naturels
d'une même région se réuniraient sur un point déterminé pour
vivre désormais en groupes installés par villages. Cette mesure,

qui aurait pu avoir les meilleurs résultats, ne fut appliquée qu'en
partie.

Un seul village existe encore, comme pour perpétuer le souvenir des cases métriques (fare météra) dont les gens se souviennent
encore; c'est celui de Tautira qui garde l'aspect spécial de sa
véritable origine.

Vaïrao et Teahupoo sur la côte occidentale, Afaahiti, Pueu,
Tuatira sur la côte orientale, forment les cinq divisions territoriales de la presqu'île de Taïarabou reliée à la grande terre par
l'isthme de Taravao.

Dans le petit delta formé par la rivière dont une des embou-
chures est totalement obstruée, le village de Tautira abrite ses mai-
sons en bois ou en chaume sous des tentes de verdure. Des cocotiers, des maïorés, des orangers, des manguiers, des bananiers
semés dans des massifs de rosiers, de tiarés, de gardénias, de lau-
rier blanc ou rose, dont les fleurs aux tendres couleurs émaillent
les éclaircies, contrastent avec le vert gazon de la pelouse du delta,
et font de ce petit coin de Tahiti un Eden véritable. Et dans la
la mer, à portée de fusil du rivage, découverte à marée basse, une
muraille madréporique large de vingt mètres s'étend devant
tout le delta, comme une véritable barrière, et le protège contre
les fureurs de l'Océan démonté par les vents impétueux du
Sud-Est.

Entre l'extrémité de ce récif et la terre, un cocotier profile sa
silhouette; c'est le premier habitant d'un îlot de sable en forma-
mation.

Rien de plus féerique que ce panorama vu du récif, quand de
ses premiers rayons le soleil sortant du Pacifique dore les sommets
des montagnes, pénètre l'ombre épaisse des vallées et des gorges,
inonde le rivage dont l'écharpe argentée court de Tautira à la
pointe de Mahaena.

Si Tautira tient le record des visiteurs de marque, c'est également un lieu de retraite pour les demi-mondaines indigènes qui,
sous la bannière de Vénus...

> ...Ont vu maintes batailles
> Et reçu nombre d'entailles
> Depuis les pieds jusqu'au front.

Dédaignant les soins de nos docteurs, elles vont cicatriser leurs nobles blessures, « se blanchir » dans ce joli paradis de Tautira.

Les taoutés (médecins tahitiens) leur préparent à cet effet, avec les sucs extraits de certaines plantes, les remèdes qui produisent de merveilleux effets, paraît-il, et sont un baume consolateur pour les blessures gagnées en d'amoureux combats.

Le chef du district tient le record de la taille; il mesure près de sept pieds de haut et sa stature athlétique inspire le respect aux naturels les moins enclins à l'obéissance.

Ori-à-Ori — tel était le nom du chef — se montre toujours heureux de recevoir les farani (Français) et ne ménage rien pour leur rendre agréable le séjour dans son domaine. Toujours d'une irréprochable correction, Ori n'est point un pudibond: lorsqu'on lui demande de réunir la jeunesse du village pour un himéné ou la upa-upa, l'on peut être certain qu'à la nuit, la vaste « fare-hau » retentira de joyeuses chansons et sera le théâtre des danses les plus entraînantes, jusqu'au moment où le mutoï farani (le gendarme de la localité) viendra annoncer le couvre-feu.

Si la route de Taravao à Papeete, par la côte est, ne manque point de pittoresque, elle n'est pas exempte non plus d'imprévu et n'est point sans présenter quelques dangers.

Dans le district d'Hitia, l'on passe sur une corniche à 50 mètres à pic au-dessus de la mer qui vient briser sa rage impuissante contre l'inébranlable falaise; un tel spectacle donne la chair de poule et le vertige à ceux dont le regard veut sonder la profondeur de l'abîme.

Ce n'est point sans de sérieuses difficultés que l'on traverse à gué la Papéïa et la Fatautia; ces deux rivières prennent leurs sources au fond de vallées profondément encaissées, dont les versants boisés et rayés de blanches cascades sont couronnés de pics fantastiques.

Dans les parages de Mahaena et de Tiarei la campagne perd un peu de son aspect sauvage, mais sans cesser d'être admirable.

Les passages d'Arahoho et de Tapahi avec celui des rochers d'Hitia, sont les Thermopyles de la côte est, et marquent sur la route autant de stations réclamant toute la vigilance du voyageur. Pour les cours d'eau, après Papéia et Fatautia, je citerai simplement la rivière de Papenoo, célèbre — sans compter ses trop nombreux méfaits — pour avoir, dit-on, emporté, deux heures après son achèvement, une belle passerelle de plus de 100 mètres de long, dont les bois furent entraînés, à la dérive, jusqu'à Papeete.

La pointe Vénus, ainsi nommée par Cook qui en fit son observatoire au moment du passage de Vénus sur le disque du soleil, en 1768, doit à ce souvenir et à son phare, objet de curiosité de la part des indigènes, les fréquentes visites et les piqueniques que l'on va faire dans le district de Mahina.

Le mont Tahara, que la route franchit à une altitude de 80 mètres, permet enfin de revoir l'île Mooréa, la rade et la ville de Papeete, que l'on retrouve en traversant le pont de Fataua, après avoir passé dans les districts d'Arué et de Paré, laissant sur la droite, à 400 mètres de la borne kilométrique n° 5, sur le bord de la mer, le tombeau du dernier roi tahitien Pomaré V.

IX

Dans cette course rapide à travers les districts, je n'ai point abordé la question d'ethnographie. Quelques brèves observations sur ce sujet me paraissent cependant trouver ici leur place.

Les habitants de Tahiti et dépendances appartiennent à la race brune, au rameau malais. Malgré les mélanges ou plutôt les croisements survenus depuis près d'un siècle, on distingue aisément les aborigènes des métis.

L'homme est d'une taille au-dessus de la moyenne, généralement vigoureux et de couleur bronzée; l'expression de la figure est douce, la démarche lente; les cheveux lisses et noirs sont portés courts. Ceux qui pensent que chez le Tahitien la barbe ne pousse qu'à l'âge de maturité sont, je crois, dans l'erreur; ils ignorent, sans doute, que les jeunes gens s'épilent soigneusement la figure, laissant même rarement subsister la moustache. J'ai tout lieu de penser que cette pratique tient à quelque vieille superstition : les femmes, en effet, ne peuvent souffrir les hommes qui portent la barbe longue et en réclament le sacrifice, sous prétexte que cela les fait ressembler aux toupapaos (spectres, revenants, etc.), dont elles redoutent l'apparition.

« Tapou tera » (coupe ça), disent les vahinés avec une tendre insistance à leurs amoureux, en les tirant par la barbe, et rarement ces derniers résistent, de crainte de déplaire à l'ange brun du logis qui, en cas de refus, pourrait bien s'en éloigner à tire-d'aile pour aller roucouler sous un toit moins hanté par les esprits, ses hymnes à Vénus.

Les Tahitiens ont les yeux noirs sans éclat ; le nez droit légèrement épaté, les narines assez fortement dilatées ; les pieds et les mains, dont on a tant vanté les formes élégantes et réduites, ont un développement qui m'a paru en opposition avec les éloges qu'on leur a trop gracieusement prodigués.

Un paréo en cotonnade aux couleurs voyantes couvre l'homme de la ceinture à la cheville ; le torse est souvent nu et parfois recouvert d'un tricot ou d'une chemise dont les pans flottent par dessus le paréo ; un chapeau de paille de fabrication locale, orné d'une couronne également en paille ou faite avec des coquillages, leur sert de coiffure.

La vahiné (femme) est de taille moyenne, dépourvue de cette harmonie des lignes du visage qui impriment à la femme le cachet de la beauté. Sa démarche a ce je ne sais quoi qui la fait trouver majestueuse ; ses attaches sont dépourvues de finesse et les traits de la figure se déforment rapidement, soit par l'effet des couches, soit par celui d'une alimentation défectueuse, peu substantielle, presque totalement empruntée au règne végétal.

La vahiné est douce, aimable, affectueuse tant qu'elle n'a pas versé dans l'ornière de la noce qui mène à la prostitution la plus abjecte.

Comme les hommes, les Tahitiennes portent aussi un paréo, mais caché par un peignoir flottant aux larges manches ; les cheveux noirs, longs, sont tressés en nattes qui flottent sur les épaules. La coiffure pareille à celle des hommes est relevée par des fleurs artificielles en paille.

Les vahinés ne portent ni corset ni chaussure. Les chapeaux étant empesés avec de l'amidon fait de pia, rien n'est plus plaisant que de voir les Tahitiennes soulever leurs peignoirs pour y

La leçon de géographie chez les sœurs à Papeete.

abriter leur coiffure, quand elles sont surprises par la pluie.

Les deux sexes adorent les douceurs du « far niente », tous les plaisirs, la musique, la danse et le reste ; ils pratiquent volontiers et largement l'hospitalité, et vivent dans l'insouciance du lendemain qui se traduit par l'expression communément familière « no à tou » (Je m'en fiche).

Cette esquisse du Tahitien de l'intérieur ne saurait s'appliquer aux naturels façonnés aux coutumes de la ville ; les indigènes à redingote, pantalons, souliers et mouchoirs ne sauraient être englobés dans la catégorie de ceux qui vivent loin de l'action de la civilisation.

Le climat de Tahiti, je l'ai dit ailleurs, est absolument sain ; aucune épidémie n'y menace l'existence des Européens. Si la lèpre, le féfé ou éléphantiasis, les sarcocèles, la syphilis, la phtisie font de multiples victimes, elles exercent leurs ravages dans la population indigène qui, manquant de médecins, est obligée de recourir à l'empirisme de ses taoutés ou sorciers, toujours impuissants à enrayer la marche de certaines maladies contre lesquelles la science elle-même n'a encore trouvé que d'excellents palliatifs et pas de vrais remèdes.

Les deux médecins militaires des colonies en résidence à Papeete ne sauraient sans inconvénients, sans nuire au service de l'hôpital et des troupes, faire de trop longues absences, en portant leurs soins dans les archipels si éloignés.

Quant aux trois médecins civils qui résident au chef-lieu, il y a lieu de croire que leur nombre encore trop restreint ne leur permet pas non plus de pareilles absences qui les forceraient à négliger leur clientèle du chef-lieu.

Le médecin des colonies qui résidait jadis aux îles Marquises a été envoyé à Raiatéa où un détachement d'infanterie de marine tient garnison.

Un tel état de choses mérite d'être signalé à l'attention des pouvoirs publics ; il serait humain, il serait juste que la Métropole intervienne auprès de la colonie, afin que celle-ci s'impose les frais d'entretien d'au moins un médecin dans chacun des archipels qui concourent si efficacement à la formation du budget employé en majeure partie au profit de la seule île Tahiti.

Si aux Marquises, aux Gambier, la population décroît d'une façon très sensible, c'est faute surtout de pouvoir bénéficier des secours de la science médicale.

C'est intentionnellement que je me suis attaché — dans tout ce qui précède — à la description de la vie à Tahiti, et aux questions intéressant son avenir commercial.

J'ai passé rapidement sur tout ce qui se rattache à l'ethnographie, aux coutumes, aux croyances, aux superstitions des naturels, toutes choses que le lecteur pourra trouver dans la *Revue des Traditions populaires* de l'année 1899, s'il désire connaître les transformations survenues dans les mœurs maories, depuis la découverte de Tahiti jusqu'à nos jours.

La diffusion, la vulgarisation de notre langue étant entièrement liée au développement et même à la conservation de notre colonie océanienne, je ne veux point terminer cet opuscule sans dire un mot sur la question de l'instruction publique.

Quand les navigateurs découvrirent Tahiti, en 1768, les indigènes avaient bien une littérature orale, mais ignoraient complètement l'écriture, ou aucun signe capable de fixer la pensée et de la transmettre aux générations à venir, de même que les dates et les récits authentiques des événements dont l'enchaînement et l'ensemble constituent l'histoire d'un peuple.

Aux missionnaires anglais et français — qui ont converti les naturels au christianisme — revient l'honneur d'avoir, les premiers, mis en ordre les matériaux dont ils devaient se servir pour constituer une grammaire et un dictionnaire de la langue maorie ; travail d'une incontestable valeur, d'une indiscutable utilité, qui devait, en peu de temps, faciliter les relations de toute sorte entre les insulaires et les étrangers. L'extrême pauvreté d'expressions et de mots du langage polynésien a été, je crois, un obstacle à l'édification de toute œuvre littéraire de quelque importance.

L'envahissement constant des mots européens a même à ce point transformé, défiguré l'idiome tahitien, qu'à l'heure présente les vieux maoris et les jeunes s'entendent, dit-on, difficilement.

Malgré ces circonstances favorables à la propagation de notre langue, on a si peu fait dans ce sens depuis l'établissement de notre protectorat en 1842, que lors de l'ouverture du conseil général, en novembre 1897, M. le gouverneur Gabrié a pu dire dans son discours d'ouverture : « ...Une des choses qui impressionnent le plus péniblement le Français débarquant dans la colonie, c'est de voir à quel point sa langue maternelle est peu usitée même au chef-lieu. C'est bien pis encore si le nouvel arrivé se met à parcourir les districts. »

Après cette déclaration officielle, je crois pouvoir lever le voile en toute liberté, montrer jusqu'où va le mal, contre lequel des mesures efficaces ont été prises, il est vrai, dans ces derniers temps.

Les Tahitiens — cela se conçoit — préfèrent leur dialecte à la langue de l'envahisseur, du conquérant ; une trop large tolérance a favorisé cette tendance qui n'a pas tardé à dégénérer en abus. L'on croira difficilement — et cependant le fait est scrupuleusement exact — qu'à l'heure actuelle les relations entre les administrateurs et les indigènes ne sont possibles que par l'intermédiaire d'interprètes rétribués sur les fonds de la colonie.

A la Haute Cour tahitienne, les défenseurs plaident en langue maorie, un interprète assermenté traduit littéralement les paroles des avocats, ce qui rend les audiences interminables, et difficile l'application de la justice.

Au *Journal officiel*, les déclarations des titres de propriété sont faites en tahitien et en français, comme la plupart des avis et décisions concernant les indigènes.

Il s'est même trouvé au sein de l'assemblée coloniale un conseiller qui, oubliant que les sujets de Pomaré sont citoyens français de par la loi d'annexion de 1880, a demandé et obtenu de l'administration que le compte rendu des séances fût publié en tahitien après l'avoir été en français.

Je ne veux pas nommer l'auteur de la proposition ci-dessus, mais on peut se convaincre de la véracité du fait en lisant dans le volume des procès-verbaux du conseil général de Tahiti le compte rendu de la séance du 5 décembre 1896, page 319.

Ce régime d'excessive tolérance ne saurait se poursuivre indéfiniment, sans compromettre gravement nos intérêts, sans nuire à notre prestige, sans affaiblir notre influence au profit des étrangers.

L'école publique de Tautira.

Une mesure paraît s'imposer, c'est la suppression dans un avenir rapproché, dans cinq ans au plus, de tous les interprètes officiels, et la non-éligibilité à certaines fonctions publiques de citoyens qui ne savent point parler la langue française.

Sans tenir compte des 4 écoles libres du chef-lieu, il existe actuellement, dans la seule île de Tahiti, une école publique par district, soit 18 groupes scolaires peuplés par 800 enfants, si je m'en rapporte aux vues photographiques et aux documents que j'ai personnellement rédigés à la suite des inspections ordonnées en 1896 et 1897 par le Comité de surveillance de l'instruction publique. Grâce aux renseignements précis fournis sur la situation scolaire, l'administration soucieuse de répandre notre langue a, par arrêté du 27 octobre dernier (1897), rendu obligatoire l'enseignement primaire dans toute l'étendue des établissements français de l'Océanie.

Si jusqu'à ce jour, et comme en fait mention le considérant de l'arrêté, « l'indifférence de la population indigène a été un obstacle à la diffusion de la langue française, il y a lieu d'espérer que le remède à un si regrettable état de choses » ne sera point sans efficacité, et récompensera les efforts tentés par la mère-patrie, pour avoir en Océanie une possession portant le cachet de sa grandeur, l'empreinte de son génie.

X

ILE MORÉA

Je n'aurais point parlé de l'île Moréa si, pendant trois années, sa silhouette déchiquetée ne m'était apparue dans son étrange maigreur quotidiennement en face de Papeete; si je n'avais eu l'occasion de la voir de plus près en septembre 1895, alors que longeant ses côtes, l'*Aube* allait aux Iles-Sous-le-Vent en vue de leur annexion; si enfin, aux mois d'avril et d'août 1896, je n'avais foulé son sol et gravé dans mon esprit, fixé par la photographie en souvenirs inoubliables, les multiples beautés de ses bizarres paysages.

La chefferie d'Afareïtu à Mooréa.

Moréa, située à 20 kilomètres environ du rivage ouest de Tahiti, en est la sœur cadette, et constitue avec les îlots Tetiaroa et Méhétia, les Iles-du-Vent, de l'archipel de la Société.

Elle mesure un périmètre de 60 kilomètres environ, on en fait aisément le tour par un sentier muletier établi sur l'étroite zone plane qui le long du rivage entoure comme une ceinture la base des montagnes.

La population de Moréa s'élève à près de 1500 âmes et n'a rien qui la distingue de celle de Tahiti. Les diverses productions de cette île sont analogues à celles de la grande terre, sur le marché de laquelle un écoulement facile leur est assuré.

Ce qui distingue Moréa de Tahiti, c'est surtout son système orographique qui, plus mouvementé, plus bouleversé, n'offre au regard qu'une succession infinie de vallons, de ravins, de chutes, de précipices d'un pittoresque achevé.

Les districts de Papetoaï, Haapiti, Afareitu, Teavaro, sont les divisions territoriales de l'île ; une école congréganiste à Varari entre Papetoaï, et Haapiti, et des écoles publiques dans chacune des autres localités, assurent le service de l'enseignement primaire.

Un gendarme en résidence à Papetoaï veille, à défaut de représentant d'un grade plus élevé, au maintien de l'ordre qui n'est jamais sérieusement troublé, même à l'occasion des fêtes et plaisirs. Le gendarme remplit d'ailleurs nombre de fonctions : il est agent spécial ou caissier, percepteur, ministère public au moment de la tenue des audiences de paix, etc. Les gens de Moréa savent par expérience combien il est utile de ne pas s'aliéner les sympathies du mandarin « à bouton blanc », de l'homme investi de tant d'attributions.

Les relations entre Moréa et Tahiti sont très fréquentes ; plusieurs embarcations déposent journellement, sur les quais de Papeete, les produits du sol et de la pêche provenant de Moréa.

Pour éviter les vents régnants généralement contraires à l'atterrissage à Papeete, on profite du calme de la nuit, et l'on navigue à l'aviron ; on utilise au contraire la brise du jour pour effectuer, à la voile, la traversée de retour.

Désigné en ma qualité de substitut intérimaire pour tenir

l'audience trimestrielle de paix à Papetoaï et ne pouvant faire coïncider mon départ avec celui du petit vapeur *Eva* qui se rend chaque semaine dans cette localité, je pris, le 24 avril 1896, en compagnie de M. Marcel Graffe, interprète, greffier et tout à la fois notaire, passage sur une baleinière montée par 4 indigènes.

A neuf heures du matin on hissa la voile et tout doucement poussée par un caressant zéphir l'embarcation fendit sans l'ombre d'un sillage l'onde calme de la rade.

Toutefois, dès qu'on eut franchit la grande passe, le vent ayant trop de prise, on dut rentrer un peu de toile, et bientôt le bruit monotone du flot soulevé en nappes argentées et miroitantes sous les feux du soleil nous apprit qu'on marchait à l'allure désirée. Le déjeuner se fit à l'ombre d'un parapluie, et à celle moins stable de la voile dont les clapotements rendaient chancelante l'assiette du couvert installé au fond du canot et sur les bancs des rameurs.

A mesure qu'on avançait les récifs blancs d'écume, le ruban de sable du rivage prenaient des formes plus précises, les cocotiers dessinaient mieux leur panache, et sous l'éblouissante lumière du grand jour, les montagnes et les vallées, comme avides de chaudes caresses, étalaient dans leur complet épanouissement leurs plus secrets trésors.

Les canotiers eux-mêmes, habitués pourtant à de pareils spectacles, n'avaient point assez d'admiration pour le tableau qui s'offrait à nos regards. Ils causaient avec animation et se montraient du doigt, dans le lointain, le pic d'Afarcïtu percé d'une ouverture à jour qui mettait une tache bleue dans ce fond grandiose.

Cette espèce de lucarne et bien d'autres ouvertes aux flancs des monts escarpés ont leur légende : Les gens de Tahiti et de Raïatéa étant jadis en guerre, le géant Païe de Tautira lançait de cette localité des sagaies sur ses ennemis.

Ces armes déviant parfois de la direction que leur avait imprimée le guerrier, traversaient avant d'atteindre leur but les obstacles qu'elles rencontraient ; c'est donc aux irrésistibles sagaies du géant de Tautira que l'on doit de regarder le ciel à travers des montagnes percées à jour.

Trois heures après le départ de Papeete, la baleinière s'engageait dans l'étroite passe de Teavaro, et, jusqu'à Papetoaï, glissa comme sur un lac, toujours plus lentement afin de nous permettre de mieux contempler un paysage toujours changeant sans rien perdre de sa grandeur. Sous nos pieds les coraux, tantôt unis, tantôt désagrégés en une infinité de blocs ou de rameaux, donnaient à l'eau de mer mille aspects variés, et comme dans un bassin immense, des poissons aux nuances les plus vives comme les plus rares s'y croisaient en tous sens.

A quatre heures du soir nous mettions pied à terre au débarcadère de Papetoaï, et, après avoir, en passant, visité le temple du district, nous trouvâmes chez le chef Paï — un homonyme et peut-être un descendant du fameux géant, — qui a servi sur nos bateaux de guerre, un accueil plein de cette déférence que donne l'habitude de la discipline et de la hiérarchie.

La matinée du lendemain fut consacrée à l'audience de paix : je pus constater que les bonnes paroles, les sages conseils ont plus d'effet sur l'esprit des indigènes que l'appareil sévère de la justice.

J'eus la satisfaction de concilier par ce moyen de nombreuses affaires.

A l'occasion de certains différends, comme je démontrais aux parties que l'enjeu ne valait pas les frais de procédure et le mal qui en résulterait, si l'affaire se prolongeait, demandeurs et défendeurs renoncèrent à leurs instances, abandonnant leurs prétentions respectives pour s'en rapporter à ma décision amiable, qui ne pouvait après tout qu'être impartiale, dirent-ils, puisque je ne connaissais aucune des personnes en cause.

L'après-midi fut employé à prendre diverses indications ou renseignements sur l'île dont je me proposais de faire le tour; puis, escorté par les enfants du village, qui se disputaient la faveur de porter mon appareil photographique et ses accessoires, j'allai jusqu'à la pointe Est de la baie d'Opuhonu prendre des vues d'ensemble du fond de la vallée, sans oublier l'aiguille inaccessible qui domine l'île entière, et, comme un phare au sein des mers, guide le navigateur, de quelque côté qu'il aborde Moréa. Le soir j'avais la joyeuse satisfaction de voir se dérouler, à la lueur de la lanterne au verre rubis, sur les plaques, à mesure que je les développais,

Un coin de la baie d'Afareïtu.

les paysages admirés dans la journée : les mornes désolés ou chevelus, les montagnes couvertes de bancouliers, les constructions de la ferme, les bouquets de cocotiers se mirant dans l'eau, et le pic inoubliable qui, peu d'heures avant, se reflétait majestueusement dans la spacieuse baie d'Opuhonu.

Au petit jour, je me mis en route pour gagner le canton de Teavaro, dont le chef Terira à Tauhiro venu à ma rencontre avec quelques cavaliers m'escorta jusqu'à sa demeure. Je trouvai là les provisions expédiées de Papetoaï, ainsi qu'un déjeuner sommaire rapidement expédié sur le gazon, à l'ombre d'un massif de flamboyants que le soleil d'avril avait couronnés de fleurs écarlates.

Certaines images se fixent dans l'esprit en traits ineffaçables, et le site de Teavaro, où j'ai passé deux heures à peine, au milieu des naturels, hante encore ma mémoire. Je vois ses monts couverts d'une vigoureuse végétation jetant leurs cimes dans l'azur, baignant leurs pieds dans des flots de saphir, je comprends la vie insoucieuse des indigènes pour qui la nature, prodigue de ses biens, suspend la nourriture aux branches des grands arbres ou la met au pied des rochers qui bordent le rivage.

Après avoir quitté la chefferie, en suivant le chemin qui longe le bord de mer, je rencontrai, à la limite des territoires Teavaro-Afareïtu, le chef de ce dernier district, Païe, qui me souhaita la bienvenue en bon français.

Ayant mis pied à terre, je fixai l'indescriptible sous-bois de ce coin de Moréa, à la grande satisfaction de l'escorte et principalement des deux chefs appuyés au poteau indicateur qui marque le partage des cantons.

Un temps de galop nous mena à la chefferie d'Afareïtu, reconnaissable aux trois couleurs que Païe avait eu l'attention d'y faire hisser.

Loti, dans son *Mariage*, pousse un long cri d'admiration en détaillant toutes les beautés de « ce site enchanteur » qu'est la baie d'Afareïtu.

Après le poète, je ne puis présenter au lecteur qu'une vue de l'incomparable panorama de cette baie dont le cercle immense est bordé de cocotiers et de cases qui se mirent dans le bleu de ses eaux endormies.

A deux pas de la chefferie, se trouvent les ruines de l'ancien maraï.

Au bord de la mer, Païme fait voir un amas de pierres dont la hauteur est encore de plusieurs mètres; une petite construction en maçonnerie dépourvue de toiture, entre les quatre murs de laquelle s'est élevé un bel arbre, indique le lieu où s'accomplissaient les anciens sacrifices. Paï ajoute que les restes des Pomaré, ses parents, après avoir été déposés dans cet antique sanctuaire, ont été transférés à Raïatéa, l'île qui fut le berceau des croyances polynésiennes.

Je passai la nuit à Afareïtu et visitai le lendemain le district d'Haapiti, puis ayant regagné Papetoaï, le soir à 8 heures je pris passage sur une embarcation à destination de Papeete ou j'arrivai après une délicieuse traversée de sept heures à l'aviron.

XI

LES ILES-SOUS-LE-VENT

Toubouai-Manou, Huahiné, Raïatéa, Tahaa, Bora-Bora, Maupiti et quelques autres îlots d'une importance tout à fait secondaire, constituent le groupe des Iles-Sous-le-Vent de Tahiti, dans l'archipel de la Société.

Je ne m'occuperai ici que des îles Huahiné et Bora-Bora que j'ai visitées en 1895, de Raïatéa et Tahaa dont l'annexion a nécessité une petite expédition en 1896-1897.

La configuration de ces terres, leurs productions sont presque identiques à celles du groupe du Vent. Ce sont partout les mêmes montagnes couvertes d'une luxuriante végétation ; des cours d'eau, roulant des hauts sommets pour arroser, près de la mer, une zone d'alluvions d'une prodigieuse fécondité.

Dans cette bande de terrain, des taros, des vanillières, des forêts d'orangers, de cocotiers, d'arbres à pain, de manguiers, de tamariniers, abritent dans des cases éparses, le long de la grève, près de 5 000 maoris dont les mœurs, les coutumes et les croyances sont pareilles à celles des Tahitiens.

Découvertes par Cook en 1769, ces îles furent, en 1842, comprises dans le champ de notre protectorat polynésien, mais le retour en Océanie, vers le mois de février 1843, du trop célèbre missionnaire Pritchard ayant occasionné des hostilités, notre tutelle ne s'exerça de nouveau d'une manière pacifique et effective qu'en octobre 1845. Obéissant alors aux perfides insinuations de l'agent anglais, la reine Pomaré-Vahiné, ayant déclaré — par contrainte, assure-t-on — que sa souveraineté ne s'étendait pas aux Iles-sous-le-Vent, notre gouvernement eut la faiblesse de céder aux menaces de l'Angleterre et de signer la convention du 19 juin 1847 reconnaissant l'indépendance des îles énumérées plus haut.

Cet acte diplomatique connu sous le titre de « Convention de Jarnac » du nom de son signataire, notre ambassadeur à Londres, fut désastreux pour notre influence dans les mers du Pacifique.

Pendant que l'Angleterre et la France, liées par le traité précité, paraissaient avoir oublié ces îles lointaines, les Allemands, qui depuis 1872 travaillaient, par l'intermédiaire de leurs consuls et agents commerciaux en Océanie, à s'y créer des débouchés, intervenaient en 1878 pour établir leur protectorat aux Iles-sous-le-Vent, où ils expédièrent deux bateaux de guerre, l'*Ariane* puis le *Bismarck*.

Ces tentatives devinrent si sérieuses qu'en 1879 un Allemand alla jusqu'à dresser, à Bora-Bora, un mât de pavillon que les insulaires eurent l'heureuse inspiration d'abattre, pendant que la reine de l'île et le roi de Raïatéa — se disant nos protégés — expédiaient respectivement au commandant de nos établissements à Papeete, des véas (courriers) l'avisant de la gravité des événements.

A cette nouvelle, le commandant de Tahiti, commissaire de la République aux îles de la Société, M. Chessé, qui devait peu de temps après déjouer les calculs de nos adversaires en annexant Tahiti, n'hésita pas à intervenir en envoyant aux Iles-sous-le-Vent un homme pour lequel les indigènes professent un véritable culte, M. le lieutenant de vaisseau Caillet, vivant depuis sa retraite à Papeete.

A l'arrivée de l'officier français, en avril 1880, les chefs de Raïaéa et de Tahaa s'empressèrent de solliciter notre protection qui leur fut accordée, sous réserve de l'approbation du gouvernement métropolitain ; le pavillon du protectorat français fut, en attendant, arboré aux applaudissements des chefs et du peuple présents à la cérémonie.

Dès que ce fait fut connu à Papeete, le consul anglais dans cette ville, M. Miller, père du chef actuel du service des contributions, s'éleva contre cette infraction à la convention de 1847, et le bâtiment anglais *Osprey* partit en hâte pour les îles afin d'empêcher — par sa présence — les naturels de Huahiné, Bora-Bora et autres localités de suivre l'exemple de Raïatéa-Tahaa.

L'intelligente initiative de M. Chessé, si elle nous brouillait avec les Anglais, avait, par contre, l'avantage d'éliminer définitivement l'intervention allemande que rien n'aurait pu justifier maintenant que le protectorat — même provisoire — était proclamé.

Ces événements excitèrent en Europe — dès qu'ils y furent connus — les colères de la presse germanique qui, dans l'amertume d'un profond dépit, d'une cruelle déception, nous reprochait la violation de la convention de 1847, comme si cette violation eût atteint les intérêts directs de l'Allemagne.

De son côté, l'Angleterre fit tant et si bien, qu'elle obtint le désaveu de la « conduite tenue par le commandant des établissements français en Océanie ».

Pendant ce temps le croiseur anglais *Turquoise* arrivait à Raïatéa ; son commandant demanda péremptoirement, à notre lieutenant de vaisseau Kertanguy, commandant de la goélette l'*Orohéna* qui se trouvait sur les lieux, qu'à la suite de l'entente survenue entre les gouvernements français et britannique, il eût à amener, au coucher du soleil, les couleurs de notre protectorat et à ne plus les hisser jusqu'à nouvel ordre.

L'officier français, ne pouvant lutter contre la *Turquoise,* se rendit à cette injonction, et après la triste cérémonie, les chefs de Raïatéa, sur les conseils du commandant anglais, arborèrent leur ancien pavillon.

M. Barthélemy Saint-Hilaire qui, sur ces entrefaites, était devenu ministre des Affaires étrangères, s'éleva en termes énergiques contre la conduite du commandant de la *Turquoise* et le cabinet de Londres qui, du temps même de M. de Freycinet, avait accepté, jusqu'à complet règlement, l'état de choses établi en avril 1880, blâma à son tour l'attitude de son officier de marine et notre protectorat fut confirmé pour une nouvelle période de six mois.

A la suite de cet accord entre les gouvernements de la République française et de S. M. Britannique, M. le commandant Chessé reçut l'ordre d'arborer de nouveau à Raïatéa notre pavillon de protectorat ; mais les regrettables incidents que l'on connaît, en même temps qu'ils alarmaient le patriotisme de nos nationaux, rendaient plus insupportable l'arrogance de nos ennemis et n'étaient point de nature à relever ou maintenir notre prestige dans l'esprit des indigènes.

Aussi n'est-ce qu'après quinze jours de longs pourparlers, appuyés par la présence, des avisos *Guichen* et *Vire* et de la goélette l'*Orohéna*, que l'on réussit à triompher de la résistance des indigènes.

Le 25 mai 1881, MM. les lieutenants de vaisseau de Gironde et de Kertanguy hissaient de nouveau sur Raïatéa et Tahaa le pavillon de notre protectorat, qui fut, à la demande des chefs, salué de 21 coups de canon.

Malgré les avantages acquis à la suite de toutes ces démonstrations, l'annulation de la convention de 1847 pouvait seule établir définitivement notre puissance en Océanie. Les efforts de nos diplomates dirigés dans ce sens aboutirent, le 26 octobre 1887, à la reconnaissance de notre entière souveraineté sur les Iles-sous-le-Vent de Tahiti ; de nouvelles difficultés nous y attendaient.

L'annexion des îles Huahiné, Bora-Bora, Raïatéa et leurs dépendances, en mars 1888, par notre gouverneur, M. Lacascade, qui les organisa en établissement secondaire, distinct de ceux de Tahiti et autres archipels, fut la consécration de l'entente des deux puissances, britannique et française.

Malheureusement, cette annexion ne s'accomplit point sans effusion de sang.

Au cours de la mission toute pacifique du gouverneur Lacascade, les naturels de Huahiné tuèrent dans une embuscade l'enseigne de vaisseau Denot et deux marins du *Decrès*, le 21 mars 1888.

L'anarchie qui régnait depuis longtemps déjà aux Iles-sous-

M. Chessé à Tahiti, en 1895.

le-Vent, ne fit, à la suite de l'assassinat de nos marins, que prendre plus d'intensité.

L'autorité des chefs fut mise en échec par leurs administrés partagés en deux camps absolument hostiles.

Nos représentants, impuissants à réprimer le désordre, restaient cantonnés dans une espèce de concèssion d'où ils ne pouvaient sortir — comme à Raïatéa par exemple — sans s'exposer à payer une amende en numéraire au chef rebelle Teraupo.

Cette lamentable situation, si intolérable qu'elle fût, subsistait encore en 1894 et les naturels de Huahiné, enhardis par notre inaction, se refusèrent à tout accommodement quand notre gouverneur, M. Papinaud, crut devoir se rendre en personne aux Iles-sous-le-Vent.

Notre expectative traitée de faiblesse fut exploitée par Teraupo et ses partisans qui allaient jusqu'à piller les magasins d'Uturoa situés à proximité de notre résidence.

De tels faits signalés au département aboutirent, en 1895, à l'envoi sur les lieux de M. Chessé, ancien gouverneur et délégué de Tahiti au conseil supérieur des colonies.

On comptait avec raison sur l'ascendant dont il jouissait sur les indigènes, pour aplanir toutes les difficultés et arriver à une solution pacifique.

Ces espérances ne purent se réaliser qu'en partie.

En consommant l'annexion de Tahiti, d'accord avec le roi Pomaré V, M. Chessé s'était fait — on le croira aisément, — de la plupart des membres de la famille royale et de leurs parents, d'irréconciliables ennemis. Les larges dotations stipulées et maintenues en faveur de la reine Marau, de ses proches, n'avaient point désarmé les ressentiments de la reine et de tous ceux qui aspiraient de près ou de loin à la succession de Pomaré V; dans ce cas étaient tous les Salmon, les Brander et d'autres qui désiraient le maintien de la monarchie.

Le chef de Papara, M. Tati-Salmon, frère de Marau, resté tahitien, c'est-à-dire très superstitieux, malgré des dehors qui ne semblaient pas justifier cette tare atavique, M. Tati-Salmon, dis-je, à l'occasion de l'annexion de Tahiti, rappela à M. Chessé, dont je tiens le détail, que l'orage qui avait éclaté sur Papeete, que les

albatros et autres oiseaux de mer qui avaient plané sur l'hôtel du
Gouvernement, le jour de son arrivée, avaient donné lieu à de
fâcheux pronostics pour les familles Pomaré et Salmon, qui per-
daient la couronne, sur les conseils donnés au roi par le représentant de la France.

Le divorce de Pomaré, qui n'avait jamais vécu avec sa femme,
sa mort survenue peu de temps après, en dépouillant Marau du
prestige de la majesté royale, réveillèrent la vieille animosité de
la reine et de sa famille contre l'auteur de l'annexion de Tahiti.
Leurs sentiments se manifestèrent à l'occasion de l'élection de ce
dernier à la délégation.

Le retour inattendu du commandant commissaire Chessé ne
pouvait que réveiller de nouveau la haine invétérée de ceux que la
loi de 1880 a faits citoyens français, mais dont le cœur ne sait
et ne peut écouter que la voix du sang étranger qui coule dans leurs
veines semi-polynésiennes [1].

XII

C'est en qualité de commissaire général de la République
Française en Océanie, que M. Chessé, envoyé en mission extraor-
dinaire, arriva à Papeete le 5 août 1895, à bord du paquebot
Richemond venant d'Auckland.

C'est au bruit du canon, escorté par les troupes d'infanterie de
marine chargées de rendre les honneurs et par la population du
chef-lieu, que M. Chessé se rendit à l'hôtel du Gouvernement, où
M. Papinaud, entouré de tout le personnel administratif, des corps
élus, lui souhaita la bienvenue.

Après les compliments d'usage et les présentations individuelles,
le premier soin du commissaire général fut d'aller à Arué, sur la
tombe du roi Pomaré V, rendre hommage à la mémoire de celui
qui avait, sur ses conseils, donné son pays à la France.

1. La plupart des renseignements relatifs au protectorat des Iles-sous-le-
Vent, jusqu'en 1884, ont été empruntés à l'ouvrage de M. Paul Deschanel,
La Politique française en Océanie.

Au retour de ce pèlerinage dont les Tahitiens lui surent gré, M. Chessé s'installa dans la maison gracieusement mise à sa disposition par le prince Hinoï, neveu de Pomaré et par sa mère la princesse Joinville.

Une circulaire du chef de la colonie, en date du 8 août, invitait les fonctionnaires de tout ordre à se mettre entièrement à la disposition du commissaire général pour tout ce qu'il pourrait demander, dans l'intérêt du service et pour le bien du pays.

Dans le jardin de la princesse Joinville, à côté de sa résidence, le commissaire général fit édifier une grande salle où, chaque jeudi, se réunissait la société de Papeete pour des soirées dansantes.

Tandis que la population du chef-lieu dansait avec un entrain d'autant plus grand que les divertissements de cette nature sont plus rares dans le pays, des émissaires expédiés aux Iles-sous-le-Vent, en revenaient avec des nouvelles favorables au projet d'annexion.

L'*Officiel* du 26 septembre annonça, en conséquence, qu'aux dates des 17 et 21 septembre, les îles Huahiné et Bora-Bora étaient définitivement réunies à la France; que les royautés de ces îles avaient remis leurs pouvoirs en nos mains, et leurs populations acclamé le pavillon français.

La présence à Tahiti de son ancien gouverneur avait été — il n'y a pas lieu d'en douter — la cause déterminante de la soumission définitive et pacifique de Huahiné et Bora-Bora.

Restaient Raïatéa et Tahara; de ce côté les nouvelles étaient moins rassurantes; excités par d'occultes manœuvres, encouragés par des agents de l'étranger, les partis hostiles demeuraient réfractaires à toute idée de soumission.

Le désir de déjouer sans retard de perfides calculs, la crainte de voir les difficultés grandir avec les atermoiements firent croire à M. Chessé que le moment était opportun pour une intervention personnelle, énergique, si l'on voulait obtenir une solution pacifique.

Le 26 septembre, à 4 heures du soir, l'aviso *Aube*, commandé par M. le capitaine de frégate Chocheprat, appareillait pour les Iles-sous-le-Vent. A son bord avaient pris passage le commissaire

Indigènes de l'île Huahiné.

général, le gouverneur, le président du conseil colonial, maire de Papeete, M. Cardella, ainsi que plusieurs notabilités administratives civiles et militaires, puis Mmes Papinaud, Cardella et Mlle Lagarde. Ayant eu l'honneur de faire partie de l'escorte officielle, j'avais eu soin d'emporter mon appareil photographique, ce qui me permit de fixer des scènes de la vie maorie et de superbes vues de ces régions.

Le lendemain, à 8 heures, au coup de canon des couleurs de l'*Aube,* les autorités françaises débarquèrent en grande tenue et furent reçues avec le cérémonial local à l'appontement de Paré, par la petite reine Taahapape II, le vice-résident, M. Dauphin, les ministres et tous les habitants de l'île Huahiné. Après les souhaits de bienvenue, on se rendit au palais de la reine, où s'accomplit la cérémonie de prise de possession, en substituant au mât de pavillon royal, les couleurs de la France à celles de la reine de Huahiné. Les orateurs indigènes, qui avaient déjà prononcé d'interminables allocutions, recommencèrent de plus belle, pendant que dans la grande salle du régent Marama, père de la reine, nous sablions le champagne de l'abdication.

Si la journée du 27 septembre fut consacrée au travail par le commissaire général, qui eut à rédiger nombre de documents relatifs à l'acte accompli, elle se passa de façon moins grave pour la plupart de ses invités, libres de courir les environs du pittoresque village de Paré où des « himéné » et des upa-upa s'étaient organisés sur plusieurs points.

Le 28 septembre, un amuramaa ou déjeuner officiel eut lieu chez la reine.

Les convives furent, dès leur arrivée à table, suivant la coutume maorie, couronnés de guirlandes de fleurs, ce qui provoquait et excitait l'hilarité générale, car nous étions peu habitués à voir nos fronts si richement et si étrangement parés.

Ce déjeuner, où l'élément féminin apportait la note de son intarissable gaîté, fut suivi de réjouissances diverses, terminées le soir par un feu d'artifice qui plongea dans le ravissement les naturels qui ne vivent que pour le plaisir.

Peu d'heures après la fête, l'*Aube* appareilla pour arriver le 30, au petit jour, en rade de Bora-Bora.

Si malgré l'incontestable beauté de ses sites, l'île de Huahiné n'a rien qui de prime abord parle à l'imagination, il n'en est pas de même de sa sœur Bora-Bora.

Protégée par les récifs, elle est entourée d'un bassin aux eaux toujours tranquilles où vient se refléter le sommet du mystérieux Païa, « qui pareil à une borne géante dresse sa silhouette effrayante au milieu du Pacifique ».

Ce morne de Bora-Bora, tantôt dénudé, tantôt tapissé de verdure, se dresse au centre d'un épais massif de cocotiers, de maïorés, de pandanus aux branches osseuses, décharnées comme les membres d'un squelette et domine un vaste horizon. Un érudit du pays nous raconte les légendes qu'il connaît, sur l'île et le mont Païa, jadis séjour des divinités.

Le récit du mariage d'Oro ne manque ni d'originalité, ni de poésie. Oro, dieu de la guerre, fatigué du célibat, résolut un jour de descendre sur la terre à la recherche d'une compagne digne de sa grandeur.

Il descendit donc de son haut piédestal au moyen d'un anoua-noua' (arc-en-ciel), et parcourut les districts avec une célérité que justifiait la cause de son déplacement. La belle Vaïraumati, du village de Vaïtupé, dont les traits symbolisés ont été fixés sur la toile par un peintre d'un incontestable talent, M. Ganguin, eut le bonheur de plaire au Mars polynésien qui en oublia sa première et céleste demeure ; hélas ! tout a un terme sur la terre et les amours des dieux ne passent point pour être éternelles. Un jour, Vaïraumati annonça à Oro qu'elle était enceinte, et ce dernier déclara alors à sa compagne que l'enfant qui viendrait au monde serait un fils chéri des dieux, mais que pour lui, sa mission sur terre se trouvant accomplie, il devait désormais s'en retourner au ciel. Et laissant la belle Vaïraumati dans la désolation, aux yeux du peuple saisi d'une stupéfiante surprise, Oro, dans une colonne de feu, disparut à jamais dans les nues. C'est de cette époque fabuleuse que date l'origine de la secte des aréoïs, chez lesquels la prostitution était de principe, et l'infanticide d'obligation, puisqu'ils massacraient tous leurs enfants dès leur venue au monde.

Pendant qu'à bord de l'*Aube* et de la goélette *Papeete*, se faisaient les préparatifs de débarquement, le peuple de Bora-Bora, qui s'était porté sur le débarcadère et le rivage, faisait entendre des accords, d'une douteuse harmonie, tirés d'instruments très primitifs, conques marines et vivos ou flûtes rudimentaires.

A trois heures de l'après-midi, le cortège officiel descendit à terre, et devant la reine, le prince Hinoï, son cousin et époux divorcé, les chefs et le peuple assemblés, l'on amena le pavillon de Bora-Bora qui fut remplacé par les couleurs françaises.

Comme à Huahiné, des amuramaa, des himéné, des upa-upa, des feux d'artifice suivirent la cérémonie de prise de possession.

Le commissaire général, soucieux de mener à bon terme sa mission, envoya l'*Aube* à Tahaa et Raïatéa, pressentir les dispositions des indigènes, pendant que lui-même travaillait sans relâche à l'organisation administrative des îles qui avaient accepté notre domination.

L'*Aube* reparut après trois jours d'absence, et l'on apprit qu'après d'interminables pourparlers, les gens de Tahaa, très divisés et très perplexes aussi, avaient refusé d'accueillir le fonctionnaire que l'on se disposait à installer chez eux.

Les nouvelles de Raïatéa n'étaient point meilleures. En présence d'une telle situation, et en attendant le retour de l'*Aube* qui ramena à Papeete M. le gouverneur Papinaud et sa suite, le Commissaire général séjourna sur les lieux, retenant auprès de lui des interprètes et M. le garde d'artillerie Gourmanel qui fut installé à Bora-Bora, en qualité de vice-résident.

Si l'habileté et la patriotique patience de M. Chessé avaient jusqu'à ce jour triomphé de tous les obstacles, elles devaient maintenant se trouver à une rude épreuve, en présence de l'aveugle entêtement des réfractaires que poussaient à la résistance, de façon occulte naturellement, un sérieux contingent de résidents étrangers grossi des ennemis personnels du commissaire général et, par suite, de la France.

Les résidents étrangers (commerçants et colons) avaient la conviction que la mission du commissaire général excluait l'emploi de la force, et en répandaient partout l'assurance afin d'encourager une résistance qui aboutirait au maintien d'un état de choses très avantageux pour l'écoulement de produits introduits en fraude ou contrebande dans ces parages.

Après l'annexion pacifique des îles Huahiné et Bora-Bora.

M. Chessé se rendit à Uturoa, résidence de notre administra-
teur à Raïatéa; après avoir, mais vainement, essayé de parlemen-
ter avec les rebelles, il résolut de se faire conduire par l'*Aube*
dans la baie d'Avera, à proximité du camp des réfractaires, puis
s'installa sur ce point où se trouvait la reine d'Avera.

Alors, durant plus de deux mois, sans se laisser rebuter par
aucun contretemps, par la duplicité des naturels, insoucieux des
critiques malveillantes et intéressées de quelques Européens, le
commissaire général combattit pied à pied pour arriver à la
solution qui devait compléter son œuvre, en assurant à la France
la pacifique et définitive possession des Iles-Sous-le-Vent. A la
suite de réunions quotidiennnes, d'innombrables projets ébauchés
et rejetés, M. Chessé quitta les îles, ayant pu obtenir de la reine
d'Avera que le pavillon du protectorat de 1880 remplacerait celui
de Raïatéa, et qu'elle remît ses pouvoirs entre les mains de notre
vice-résident, M. Balsenq.

L'apparente soumission de la reine eut pour effet de détacher
d'elle le chef Teraupo, resté toujours invisible pendant les négocia-
tions, et qui, toujours plein d'une croissante hostilité, continuait à
prélever, comme par le passé, une redevance de quelques piastres
sur tous les Français qui s'aventuraient sur ce qu'il appelait son
territoire.

Exténué par le travail et les veilles nécessitées par des négo-
ciations difficiles à conduire, M. Chessé rentra le 25 décembre
1895 à Papeete.

L'*Aube* trouva dans le port l'aviso italien *Colombo*, à bord
duquel le prince Louis de Savoie, duc des Abruzzes, voyageait
en qualité de lieutenant de vaisseau.

Les visites d'usage furent échangées au bruit du canon, et le
lendemain, un déjeuner en l'honneur du prince Louis réunissait
dans la fare-hau du commissaire général, coquettement décorée
de fleurs, de feuillage, de drapeaux, avec l'état-major du
Colombo une quarantaine d'invités.

Un magnifique diadème blanc en pia fut, au commencement
du déjeuner, posé sur la tête du prince Louis — agréablement
surpris de la coutume, — en même temps qu'un superbe panache
en réva-réva était piqué sur son épaule droite.

Les femmes de service couronnaient en même temps les autres convives, aux applaudissements des curieux qui avaient envahi le jardin de la résidence de M. Chessé.

Des paroles empreintes de la plus grande cordialité furent échangées entre les autorités françaises et leurs hôtes, qu'on reconduisit aux accents des hymnes nationaux; la fanfare ne se tut que lorsque le *Colombo*, prêt à prendre la mer, se mit en route, à destination de Vancouver.

Ce même jour on apprenait au chef-lieu que Teraupo et ses partisans, jetant le masque, avait arboré les couleurs anglaises à Raïatéa.

L'*Aube*, une fois de plus, ayant cette fois à son bord le Consul de S. M. Britannique, M. Simons, se rendit aussitôt sur les lieux, et sur le refus des rebelles d'amener le pavillon anglais, malgré les vives instances du consul, notre aviso fit usage de ses canons, puis rallia Papeete.

Huahiné et Bora-Bora, définitivement annexées à la France, le pavillon du protectorat de 1880 hissé à Avera et la division semée entre les rebelles de Raïatéa-Taha, jusqu'alors unis par l'espoir de voir se réaliser de chimériques promesses, tels étaient les résultats de la mission de M. Chessé, qu'un succès complet eût couronnée, si des pouvoirs plus étendus eussent permis au commissaire général l'emploi de moyens coercitifs, de la force, qui peu après, devait avoir raison de toutes les résistances.

XIII

Le 5 janvier 1896, après un séjour de cinq mois en Océanie, M. Chessé reprenait le chemin de la Métropole. M. Papinaud le suivait bientôt, et remettait, le 1er avril, ses pouvoirs à M. Gallet, alors directeur de l'Intérieur, à qui était réservé l'honneur de clore pour la France l'ère des difficultés aux Iles-Sous-le-Vent. Nul n'était mieux qualifié pour une tâche pareille. La part qu'il avait prise, en 1878, à l'œuvre de répression de l'insurrection canaque en Nouvelle-Calédonie, et depuis, à la pacification des tribus révoltées, lui avait valu la croix de la Légion d'honneur.

Son premier soin, comme gouverneur intérimaire, fut de compléter l'œuvre que la malveillance et la perfidie des ennemis de la France avaient empêché M. Chessé de conduire à bonne fin.

Après une minutieuse étude de la question des Iles-Sous-le-Vent, et des moyens propres à en hâter la solution, après avoir entendu tous les avis, les opinions les plus contradictoires, celles qui tendaient à représenter Teraupo et ses partisans comme de redoutables adversaires, et celles qui les désignaient comme un médiocre obstacle à l'achèvement de l'œuvre commencée, puisant à toutes les sources des renseignements dont il savait tirer profit, M. Gallet, sans prendre le contre-pied d'aucune des mesures arrêtées par ses devanciers, transmettait au département des colonies les résultats de son enquête.

Également perplexes étaient à Tahiti les partisans de Teraupo et les Français qui désiraient ardemment une prompte répression des rebelles. Des deux côtés on attendait anxieusement l'heure d'un dénouement que l'on sentait inévitable en présence de l'anarchie qui régnait à Raïatéa-Tahaa !

Rien ne transpira durant de longs mois, mais le 19 novembre 1896, au matin, la vue des casques blancs de deux compagnies d'infanterie de marine sur le pont de l'*Aube*, qui arrivait de Nouméa, réveilla l'espérance dans certains cœurs, la crainte au fond des âmes troublées, chez tous une ardente et légitime curiosité.

Enfin quarante jours après, le croiseur *Duguay-Trouin* attendu d'Amérique mouillait dans la rade, et toutes les troupes de terre et de mer ainsi que 50 volontaires tahitiens, auxquels les dames françaises de Papeete offrirent un drapeau d'honneur, étaient embarqués, le cœur plein de joie puisqu'ils allaient combattre pour la France.

Le 26 décembre 1896, à cinq heures du soir, le *Duguay-Trouin* et l'*Aube* sur lequel flottait le pavillon du gouverneur levaient l'ancre aux acclamations de la foule massée sur les quais pour adresser à nos soldats les vœux de tous les Français pour l'heureuse issue de l'expédition.

Désireux d'éviter une effusion de sang, M. Gallet avait envoyé auprès des rebelles un parlementaire qui faillit être mis en pièces.

Malgré cet accueil et avant d'engager les hostilités, le gouverneur, à son débarquement à Uturoa, voulut cependant adresser aux rebelles cet ultimatum :

Aux rebelles de Raïatéa et de Tohaa.

Vos affronts répétés au pavillon français ont lassé la patience du Gouvernement de la République.

Je viens donc avec des soldats et des navires de guerre pour vous contraindre à déposer vos armes et à rentrer dans l'obéissance.

Je vous accorde un nouveau et dernier délai de quatre jours pour écouter la voix de la raison et faire votre soumission complète.

Si, à l'expiration de ce délai, mon appel n'a pas été entendu, les troupes dont je dispose marcheront contre vous et vous serez châtiés comme vous le méritez. Je vous préviens en outre que si vous m'obligez à employer la force armée, je confisquerai les territoires que vous occupez et prendrai à l'égard de vous tous les mesures les plus sévères.

Je vous somme donc d'avoir à évacuer vos districts sans aucun retard et à vous rendre avec vos chefs, vos familles, vos armes et vos munitions, vendredi prochain 1er janvier, avant sept heures du matin, sur les lieux suivants :

1° Les rebelles de Tahaa, avec leurs femmes et leurs enfants, sur l'îlot Toahotu ;

2° Les rebelles d'Opoa sur l'îlot Iriru ;

3° Et ceux de Tevaitoa sur les îlots Tahu-Naoe et Torea.

Un pavillon blanc devra être hissé à l'heure fixée sur chacun de ces points pour indiquer que vous avez obtempéré à la présente sommation.

Fait à Uturoa, le 27 décembre 1896.

Le Gouverneur,

Signé : G. GALLET.

1 700 indigènes répondirent à cet appel.

La reine d'Avera, à moitié soumise par M. Chessé, renonçant à son attitude tantôt équivoque, tantôt hostile, et se décidant à suivre les sages conseils du docteur Rousselot, médecin de 1er classe des colonies à Raïatéa, la reine, dis-je, se rendit tout en larmes auprès du gouverneur et fit sa soumission.

Teraupo avec les naturels du district de Tavaïtoa et de l'île Tahaa s'étaient renfermés dans le mutisme le plus complet, refusant ainsi de faire connaître leurs intentions, bercés peut-être par l'espoir que la démonstration de nos bateaux aurait un caractère aussi pacifique qu'en 1895.

Escomptant notre longanimité, ignorant le danger que léur faisaient courir ceux qui excitaient leur fanatique sentiment, les rebelles avaient osé déclarer « qu'ils feraient de petits morceaux des taata farani (Français) qui oseraient les combattre ». Ils ne devaient pas tarder à s'apercevoir que si le succès justifie parfois un acte audacieux, jamais il n'accompagne un acte de démence.

Le premier janvier, au matin, M. le capitaine de vaisseau Bayle, commandant la division navale du Pacifique, et dont le guidon flottait sur le *Duguay-Trouin*, fit sonner le branle-bas de combat ; c'était pour les rebelles l'heure suprême de l'expiation.

Le 3 janvier, dans un premier engagement, 17 des insurgés, embusqués au nombre de 80 dans une tranchée à l'ancien maraï de Tevaïtoa, payèrent de leur vie leur incroyable folie.

Cette première leçon leur fut infligée par la colonne du vaillant commandant de l'*Aube*, M. le capitaine de frégate Chocheprat, élevé depuis au grade de capitaine de vaisseau. Il fallut larder à coups de baïonnette tous ces fanatiques armés de fusils, de harpons, d'engins de toute nature, qui opposèrent à nos soldats une résistance désespérée. Cette unique défaite suffit à jeter le désarroi dans le camp de Teraupo. Beaucoup de ses partisans, revenus à une plus saine appréciation de la situation, se rendirent à la discrétion des autorités françaises. D'autres sur lesquels pesait sans doute une plus lourde responsabilité, redoutant les conséquences de leur conduite et les rigueurs d'un juste châtiment, s'enfuirent dans les montagnes. Bien que déjà le sort de l'expédition fût décidé, il fallut encore près de quarante jours d'escarmouches, de courses, de marches par des pluies incessantes, dans un pays excessivement boisé autant qu'accidenté, pour arriver à capturer tous les rebelles.

Teraupo avec sa femme et la cheffesse de Tevaïtoa, qui avaient fait le coup de feu, furent pris par leurs compatriotes le 16 février 1897. Ce jour marquait la fin de la campagne commencée le 1er janvier.

Nous n'eûmes dans cette expédition qu'une douzaine de blessés ; mais malheureusement l'un d'eux, le sergent-major Gilbert, suc-

Le prince Louis de Savoie à Papeete.

comba à l'hôpital militaire de Papeete des suites d'un coup de fusil qu'il avait reçu au genou. La population lui fit de magnifiques funérailles, celles que l'on doit aux soldats tombés au champ d'honneur.

Le succès de nos armes fut fêté à Papeete. La société philharmonique tahitienne organisa, dans le palais Pomaré, une soirée musicale dont le produit fut employé à offrir des rafraîchissements aux militaires et marins qui avaient pris part à l'expédition. De son côté, la municipalité offrit un punch au corps expéditionnaire et le curé de la ville saisit cette occasion pour convier à un *Te Deum* toutes les notabilités de la colonie.

Le *Duguay-Trouin* et l'*Aube* ramenèrent en Calédonie les troupes qui étaient venues pour assurer le rapide succès de la campagne.

Les volontaires tahitiens, au complet, suivant le drapeau qui leur avait été donné par les dames françaises, se retirèrent dans leurs districts, conduits par le chef Tetuanui de Mataéia qui, peu après, fut décoré de la croix de la Légion d'honneur.

Quant aux rebelles, 116 d'entre eux, exilés à l'île Uaüka (groupe des Marquises), ont été pour la plupart, je crois, l'objet d'une mesure gracieuse, à l'occasion de la fête du 14 juillet 1897, de la part de M. Gabrié, arrivé comme gouverneur à Tahiti le 31 janvier, vers la fin des opérations.

Teraupo, sa femme et la cheffesse de Tevaïtoa avec six autres meneurs, furent dirigés sur la Nouvelle-Calédonie, dans les parages du cap Colnett où ils mènent une paisible existence, sous des cieux aussi cléments que ceux de Raïatéa.

Ainsi s'est enfin accomplie, après avoir passé par tant de phases diverses depuis 1842, l'annexion des Iles-sous-le-Vent de Tahiti à la France.

Leur possession nous était indispensable pour éloigner des eaux tahitiennes toute influence rivale qui pût être une cause de troubles en temps de paix et un danger grave en cas de guerre.

Le groupe annexé des Iles-sous-le-Vent forme, dans nos possessions polynésiennes, un établissement secondaire distinct de tous les autres, que l'administration a eu la sage précaution de soustraire à l'action néfaste de la politique locale, et à la non moins néfaste action de ceux qui escomptaient déjà l'honneur de le représenter au sein du conseil général.

Si le vent de la politique doit un jour souffler sur ces rivages, il est à souhaiter que ce soit le plus tard possible, c'est-à-dire après l'établissement du cadastre et le percement des routes destinées à relier entre elles les fertiles vallées qui n'ont de débouchés que par la mer. Il est en effet nécessaire que la direction et l'exécution de certains travaux ne soient dictées que par des raisons d'intérêt général, sans être subordonnées à l'opinion de personnes d'une compétence douteuse et d'une discutable impartialité.

La tranquillité règne maintenant aux Iles-Sous-le-Vent, et s'il prend fantaisie aux poètes de connaître les sœurs de la petite Rarahu native de Bora-Bora, ils n'auront plus à redouter d'avoir à payer tribut au farouche Teraupo. Ils peuvent accorder leur luth, comme il convient, pour chanter les légendes et les dernières infortunes maories, comme le « charme pénétrant et sauvage » qu'on trouve au fond des gorges profondes, des grottes hospitalières ; au pied des monts dont les pics sourcilleux projettent si loin sur l'Océan leur interminable cône d'ombre à l'heure où le soleil paraît à l'horizon ou se replonge au sein des flots.

La France a un intérêt supérieur à la conservation de nos possessions océaniennes.

La mise en état de défense de Port-Phaéton, à Tahiti, la création d'une ligne de paquebots français reliant directement Papeete à Marseille, par Nouméa, nous garantiront des attaques de nos ennemis en temps de guerre et contre l'envahissement commercial sans cesse grandissant des produits étrangers.

L'achat, par la colonie, de terrains destinés, après lotissement, à être distribués aux colons, favoriserait le peuplement d'un pays dont la mise en valeur est intimement liée à la question de la main-d'œuvre si rare et si chère à Tahiti.

Après la réalisation de ces projets, les canons de Port-Phaéton pourront regarder l'horizon avec orgueil et garder jalousement à la France sa perle au sein de l'Océan Pacifique.

TABLE DES CHAPITRES

Paris. — Typ. Philippe Renouard, 19, rue des Saints-Pères. — 44868.